W0087945

CHANGE FUCK!

ARDESCHYR HAGMAIER

WENN SICH ALLES VERÄNDERT UND NICHTS VERBESSERT

BusinessVillage

Ardeschyr Hagmaier
Change Fuck!
Wenn sich alles verändert und nichts verbessert
1. Auflage 2017
© BusinessVillage GmbH, Göttingen

Bestellnummern
ISBN 978-3-86980-375-3 (Druckausgabe)
ISBN 978-3-86980-376-0 (E-Book, PDF)

Direktbezug www.BusinessVillage.de/bl/1006

Bezugs– und Verlagsanschrift
BusinessVillage GmbH
Reinhäuser Landstraße 22
37083 Göttingen
Telefon: +49 (0)5 51 20 99-1 00
Fax: +49 (0)5 51 20 99-1 05
E-Mail: info@businessvillage.de
Web: www.businessvillage.de

Layout und Satz
Sabine Kempke

**Hintergrund auf dem Umschlag
und auf den Kapitelseiten**
Peter Smola, www.pixelio.de

Druck und Bindung
Kösel GmbH & Co. KG, Altusried-Krugzell

INHALTSVERZEICHNIS

ÜBER DEN AUTOR

Ardeschyr Hagmaier ist als gelernter Zimmerer der Handwerker unter den Speakern und Coaches. Geboren 1969 in Heidelberg, lebt der Vater von zwei Kindern heute in Hamburg und reist mit seinem Wohnmobil durch ganz Deutschland, Österreich und die Schweiz zu seinen Kunden.

Zahlreiche Vorträge, Bücher und Fachartikel unterstreichen seine herausragende Arbeit. Als Autor hat er bereits über fünfzehn Bücher veröffentlicht, darunter die Bestseller *Ente oder Adler 1 & 2* und das Akquisebuch *Heute akquirieren – sofort profitieren. Systematisch neue Kunden und Aufträge gewinnen.*

Der Bestsellerautor und mehrfach ausgezeichnete Persönlichkeitscoach bringt die Dinge auf den Punkt, so die Presse. Hierbei lebt er seinen eigenen Slogan: »Wer Spaß hat bei dem, was er tut, muss nie wieder arbeiten!« Seine praktischen Trainingsmethoden begeistern die Teilnehmer und regen jeden an, das Gehörte direkt im Alltag umzusetzen. Seine vielseitigen Themenschwerpunkte und Einsatzmöglichkeiten machen ihn für viele namhafte Firmen zu einem unersetzlichen Gesprächspartner.

Kontakt:
Telefon: +49 (0) 75 41 9 55 91 85 (Top4management)
E-Mail: kontakt@ardeschyr-hagmaier.de
Internet: www.ardeschyr-hagmaier.de

SIEG

Wie oft schon hörte ich dich sagen,
Du würdest große Dinge wagen.
Wann wohl, glaubst du, kommt der Tag,
Da endet alle Müh' und Plag,
Da du zu großen Taten schreitest
Und da du selbst dein Schicksal leitest?
Und wieder ging ein Jahr vorbei,
Doch nie warst du, mein Freund, dabei,
Wenn's galt, nun endlich zuzugreifen,
Damit auch deine Früchte reifen!
Woran es liegt? Erklär es nur!
Du hattest Pech? Ach keine Spur!
Wie immer, einzig und allein
Lag's nur an dir, an dir allein.
Schau auf deine Hände bloß:
Sie liegen still in deinem Schoß,
Statt endlich, endlich doch zu handeln
Und alles in dir umzuwandeln.

Herbert Kaufmann (1920–1976)

FUCK OFF, CHANGE

VOM CHANGE-FREAK ZUM VERBESSERUNGSENTHUSIASTEN

Das Gedicht von Herbert Kaufmann ist seit jeher mein Lieblings-Motivationsgedicht. Es begleitet mich (fast) mein ganzes Leben lang und hat mir immer Impulse gegeben, beruflich und privat, in ganz unterschiedlichen Lebenssituationen. So war das auch vor über zehn Jahren, Mitte der Nullerjahre. Bis dahin war ich ein richtiger Change-Freak. Die Veränderung ging mir über alles, ich war der Meinung, Gewohnheiten müssten jeden Tag über den Haufen geworfen werden. Jeden Tag bin ich aufgestanden und habe mich gefragt, wie ich mich heute neu erfinden könnte. Die ständige Veränderung war die einzig mögliche Antwort auf eine Welt, in der sich jeden Tag die Rahmenbedingungen verschieben. »[...] endlich doch zu handeln/Und alles in dir umzuwandeln«, schreibt der Völkerkundler, Journalist, Fotograf und Schriftsteller Herbert Kaufmann in seinem Gedicht *Sieg*.

Ähnlich mein Umfeld: Ganz gleich, in welche Firma ich als Trainer, Berater und Coach hineinging, immer war die Erwartungshaltung, ich würde alles um 180 Grad drehen, alles vom Kopf auf die Füße stellen, den radikalen Wandel in Gang setzen, die extreme Revolution ausrufen.

Unternehmer, Manager und Führungskräfte, die umfassende und tief greifende Veränderungsprozesse installieren wollen, wissen ein Lied von veränderungswütigen Beratern zu singen, die in das Unternehmen stürmen und das Oberste zuunterst kehren. Alle Beteiligten erstarren vor dem Hinweis, die Notwendigkeit zur Veränderung sei unumgänglich, wie das Kaninchen vor der Schlange. Niemand traut sich, die Notwendigkeit zur Veränderung auch nur anzuzweifeln. Zu diesen veränderungswütigen Beratern habe auch ich lange Zeit gehört.

Michael Douglas zeigt in dem Film *Wall Street*, wie der Börsenhai Gordon Gekko getrieben wird von der Gier nach immer mehr Macht, Ruhm und Geld. Das hat mich an den Veränderungsfetischismus erinnert, der mich und die Menschen in meinem Umfeld lange Zeit bewegt hat, den radikalen Change zur Normalität auszurufen. Wir waren Getriebene. Veränderungsgetriebene. Die Frage, ob eine Veränderung notwendig ist, – wurde nicht mehr gestellt, es ging um den Wandel an sich. Er wurde zum Selbstzweck. Kunden zum Beispiel erzählten mir immer wieder, dass die Veränderungsprozesse aus der Vergangenheit nicht nachhaltig waren und oft zu mehr Unzufriedenheit und Demotivation der Mitarbeiter führten. Die meisten Veränderungen wie etwa Umstrukturierungsprogramme, Mitarbeiterentlassungen, Unternehmensfusionen und Outsourcing zogen nur kurzfristige Verbesserungen nach sich, wenn überhaupt.

Ich fragte mich darum:»Wohin führen die ständigen Veränderungsprozesse eigentlich wirklich?« Es kamen also Zweifel. Das Nachdenken. Die Grübelei. Welchen Sinn hat die ewige Jagd meiner Kunden nach der Veränderung? Sind Menschen, die glauben, sich permanent verändern zu müssen, nicht zutiefst unglücklich? Und wollen sich eben darum ständig verändern?

Hinzu kamen bei mir berufliche und auch private Einschnitte. Im Privaten war es die Scheidung von einem lieben Menschen, im beruflichen Bereich die Trennung von einem langjährigen Geschäftspartner, einem Weiterbildungsinstitut. Bis dahin – wie gesagt: Mitte der 2000er-Jahre – war ich konditioniert auf Veränderungsprozesse. In dieser Übergangsphase habe ich viel nachgedacht, und seitdem sage ich:»Fuck off, Change!« Mein Veränderungsmantra lautet: Es geht darum, zu wirklichen Verbesserungen zu gelangen und Neues zu schaffen. Nicht die Veränderung ist entscheidend, sondern die Verbesserung!

WAS MÖCHTE ICH IN ZUKUNFT ERREICHEN?

Die Veränderung ist nicht der Weisheit letzter Schluss. Klar, manchmal ist der Change notwendig, aber oft ist es besser, Anpassungen vorzunehmen, Gewohnheiten nicht über Bord zu werfen, sondern sie zu achten und zu respektieren und sie als Erfolgsgewohnheiten zu erkennen. Die Veränderung ist nie der einzige Weg zu gewünschten Resultaten. Entscheidend ist die Beantwortung der Frage: Was möchte ich in Zukunft erreichen? Wie gelange ich zu Verbesserungen? Welcher Weg führt dahin? Eben nicht immer nur die Veränderung, manchmal auch – und das immer öfter – die vorsichtige Anpassung und Gewohnheiten, die sich bewährt haben.

Ab jetzt heißt es: Fuck off, Change! Willkommen, Verbesserung!

THINK! FEEL! MAKE!

Wie immer in einschneidenden Lebenssituationen, wenn es ans Eingemachte geht, habe ich mich auch vor der Niederschrift dieses Buches intensiv in Herbert Kaufmanns Gedicht verloren und Inspiration gesucht. Das Fantastische an dem Gedicht ist, dass es mir jedes Mal etwas Neues, etwas Anderes zu sagen hat. Es ist, als ob es meinen jeweiligen Zustand spiegelt. Es spricht zu mir:

Wie oft schon hörte ich dich sagen,
Du würdest große Dinge wagen.

Ich trete vor das Gedicht, erzähle ihm, was ich vorhabe. Und ich erhalte Antworten:

Wann wohl, glaubst du, kommt der Tag,
Da endet alle Müh' und Plag,
Da du zu großen Taten schreitest
Und da du selbst dein Schicksal leitest?

Ich beschließe, meine Einstellungen und Überzeugungen zu hinterfragen. Welche Glaubenssätze haben mein Leben als Change-Freak bestimmt und gelenkt? Was muss ich tun, um mich von ihnen zu trennen? Welche Einstellungen sollen mein zukünftiges Leben prägen? Change Fuck – THINK!

Und wieder ging ein Jahr vorbei,
Doch nie warst du, mein Freund, dabei,
Wenn's galt, nun endlich zuzugreifen,
Damit auch deine Früchte reifen!
Woran es liegt? Erklär es nur!
Du hattest Pech? Ach keine Spur!
Wie immer, einzig und allein
Lag's nur an dir, an dir allein.

Das heißt für mich: Change Fuck – FEEL! Es liegt an mir. Ich muss mich nicht nur mit meinen Überzeugungen beschäftigen, sondern auch mit meinen Gefühlen und Beziehungen. Dann reifen die Früchte, und es kommt zu Verbesserungen. Inwiefern hat meine Fokussierung auf Veränderungen dazu geführt, dass Beziehungen zerbrochen sind?

Schau auf deine Hände bloß:
Sie liegen still in deinem Schoß,
Statt endlich, endlich doch zu handeln
Und alles in dir umzuwandeln.

Gut – das ist konkret und deutlich: Nicht nur als Change-Freak, auch als Verbesserungsenthusiast muss ich in die Umsetzung und ins Handeln gelangen: Change Fuck – MAKE!

WIR KÖNNEN WACHSEN, OHNE UNS ZU VERÄNDERN?

Seitdem ich »Fuck off!« zum Change sage, weiß ich: Wenn ich das Neue schaffen und zu Verbesserungen gelangen will, muss ich nicht um jeden Preis groß angelegte Veränderungsprozesse anstoßen. Im Gegenteil: Will man neue, kreative Seitenwege einschlagen, um die Ecke denken, quer handeln, muss traditionelles Changedenken über Bord geworfen werden. Die Veränderung an sich ist nicht die Lösung, jedenfalls nicht immer. Manchmal genügt es, an der alten Gewohnheit anzuknüpfen und die etablierte Sichtweise ein klein wenig zu verschieben, um dann doch einen kreativen Blick zu bekommen. Das zeigen viele der Erlebnisse, von denen ich jetzt erzählen möchte.

Meine Erlebnisse sollen ermutigen, auch einmal zu sagen:»Okay, wir brauchen keine Veränderung. Aber eine Anpassung, und zwar auf der Grundlage der Gewohnheiten, die uns seit Jahren nützlich sind. Also: Fuck off, Change!« Lass uns überlegen, ob die intelligente Verknüpfung des Bestehenden mit erprobten Gewohnheiten und Anpassungsmaßnahmen dazu führt, etwas Neues zu erschaffen. Meine Überzeugung ist: Ja, wir können (auch) wachsen, ohne uns zu verändern. Ja, wir können uns auch ohne Changeprozesse verbessern. Und nein, das gilt nicht immer. Entscheidend ist nicht die Veränderung um jeden Preis, sondern die beste Lösung. Wir können das Neue erschaffen, ohne das Alte zu bekämpfen.

Vergleichbar ist dies mit dem Verhalten eines Verkäufers in einem Bekleidungsgeschäft, der dem Kunden sagt:»Das ist ja ganz toll, was Sie da tragen, es gibt überhaupt keinen Grund, etwas zu verändern. Vielleicht ein kleines Einstecktuch.« Ein komplettes Umstyling ginge nur zulasten des Kunden.

CHANCE STATT CHANGE - CHANCENDENKEN STATT RATSCHLÄGE

Aus diesem Grund finden Sie in diesem Buch keine der üblichen Ratgeber-Tipps und Ratschläge, keine Checklisten, To-do-Listen und Tu-dies-und-dann-jenes-Aufzählungen. Vielmehr möchte ich Sie dazu anregen, zu überlegen, welches die beste Lösung für Ihre Herausforderung und Ihr Problem ist. Und das kann durchaus der Weg sein, das Alte beizubehalten und gar nichts zu verändern. Oder auch an der etablierten Gewohnheit anzuknüpfen und lediglich Anpassungen vorzunehmen. Und ab und zu ist es zielführend, die Kraft eingeschliffener Routinen und Gewohnheiten zu nutzen, ganz nach dem Motto:»Bleib, wie du bist – aber verbessere dich täglich und entdecke dich jeden Tag neu!« Und manchmal – aber eben nur manchmal – wird es unumgänglich sein, einen groß angelegten Veränderungsprozess in Gang zu setzen.

Bevor wir starten, noch ein Hinweis: Jedes Kapitel startet mit einem Spruch, der Sie vielleicht an Postkartensprüche oder Kalendersprüche erinnert, über die wir zuerst schmunzeln, die wir für übertrieben halten, für zu provokativ, um sie ernst zu nehmen. Und dann geschieht oft etwas Seltsames: Der Postkarten- oder Kalenderspruch arbeitet in uns weiter, macht sich in unserem Unterbewusstsein breit und ploppt urplötzlich an die Oberfläche. Wir geraten ins Grübeln, denken über den vermeintlichen Unsinnsspruch nach. Auf einmal finden wir ihn durch Alltagserlebnisse bestätigt, denken über ihn nach und fragen uns, ob er nicht doch eine Bedeutung für uns hat und eine Chance bietet, um zu lernen und uns weiterzuentwickeln.

Chance statt Change. Chancendenken statt Changedenken: Wenn es Ihnen bei einigen meiner Change Fucks so ergeht, dann habe ich zumindest eines meiner Ziele erreicht: Ich konnte Sie zum Nachdenken anregen, zum Schmunzeln bringen, ich konnte Ihre rebellische Ader ein klein wenig kitzeln und Sie motivieren, über etwas zu sinnieren, das Sie bisher für eine Selbstverständlichkeit gehalten oder abgelehnt haben. Und das ist oft der erste Schritt in Richtung einer Verbesserung.

DER ABSCHIED VOM VERÄNDERUNGSWAHNSINN BEGINNT MIT EINER VERÄNDERUNG

Change Fucks – das sind Einstellungen, Überzeugungen und Verhaltensweisen, die bisher dazu geführt haben, dass sich bei Ihnen zwar einiges verändert, aber absolut nichts verbessert hat. Letztendlich besteht der erste Schritt darin, sich von der Überzeugung, in der Veränderung liege der Stein des Weisen, zu verabschieden.

Wer jetzt aufschreit, das sei aber doch nichts anderes als eine Veränderung, der hat recht. Der Abschied vom Veränderungswahnsinn beginnt mit einer Veränderung. Diesen Widerspruch müssen wir, müssen Sie aushalten. Denn danach ist es möglich, sich auf die bewährten Gewohnheiten zu fokussieren und diese zu optimieren. Und dann gilt erstens: Verändere nichts, wenn es gut läuft. Zweitens: Schaffe Neues, ohne das Alte zu zerstören, integriere es. Drittens: Entwickle Erfolgsgewohnheiten weiter – anstatt dir immer wieder neue Gewohnheiten anzueignen.

Meine Kriterien für Change Fucks sind also:
- Das sind Veränderungen ohne Verbesserungen.
- Das sind Veränderungen ohne Nachhaltigkeit.
- Das sind Veränderungen ohne Motivation aller Beteiligten.
- Das sind fremdbestimmte Veränderungen – andere wollen, dass wir uns verändern.
- Da sind Veränderungen, die nicht freiwillig erfolgen, sondern mit Druck verbunden sind.

Lassen Sie sich jetzt vorurteilslos auf meine Verbesserungsvorschläge ein. Lesen Sie, wie ich in verschiedenen Situationen meines Lebens – sie sind mal banal, mal existenziell, mal sehr exklusiv, mal 08/15-like – zu Verbesserungen gelangt bin und dabei ganz bewusst darauf verzichtet habe, eine Veränderung anzustreben.

CHANGE FUCK

THINK

DIE WELT IST IMMER SO,
WIE DU SIE DIR SELBST
VORSTELLST

1 MACH NEUE FEHLER - STATT IMMER NUR DIE ALTEN

Ich schlendere an einem lauen Sommerabend an der Strandpromenade am wunderschönen Timmendorfer Strand entlang. Entspannt und voller Tatkraft denke ich: Jetzt nur noch eine zündende Idee für den Start meines neuen Buches und los geht's. Aber: Welche Buchstruktur ist sinnvoll, um dem Thema, das mir so am Herzen liegt, gerecht zu werden? Die Inhalte, Erlebnisse und Geschichten, die ich einbauen will, trage ich schon seit Jahren mit mir herum. Für welche Kapitel kann ich sie wie nutzen?

Ich hoffe auf Gedankenklarheit und die rettende Idee. Aber nichts passiert. Blackout, Gedankenflucht, Gedankenleere. Doch dann, während ich wie so oft einen der Postkartensprüche an einem der unzähligen Postkartenständer fasziniert studiere, stoße ich mit einem Mann zusammen. Dieser hat genau dieselbe Postkarte im Visier wie ich, wir schnappen gleichzeitig zu und greifen nach ihr.

KAUM MACHT MAN MAL WAS FALSCH, IST ES WIEDER NICHT RICHTIG Kirsten Fuchs

Wir lächeln uns kurz zu, und ich gebe ihm den Vortritt, er greift sich dankend jene Postkarte aus dem Stapel. Wir kommen sofort ins Gespräch, unterhalten uns über den Postkartenspruch und welche Bedeutung wir für uns in ihm erkennen.

Er erzählt mir, dass er ein Unternehmen in der Dienstleistungsbranche und ein Team von vierundzwanzig Mitarbeitern führt. Jedes Mal wenn er einen Postkartenständer sieht, hält er Ausschau nach neuen Sprüchen, Zitaten und Weisheiten. Diese passen oft auf seine aktuelle Situation, beruflich wie privat. Vor drei Monaten zum Beispiel hat er einen tollen Spruch auf einer Postkarte gefunden, der auf seine derzeitige unternehmerische Situation wie die Faust aufs Auge passt: »Mach neue Fehler, nicht immer nur die alten.«

Der Spruch wird gleich allen Mitarbeitern als Unternehmensleitsatz zur Verfügung gestellt, erzählt er mir. Seitdem befördert er einen motivierenden und konstruktiven Umgang mit Fehlern. Man darf Fehler machen, aber nicht immer dieselben. Aus Fehlern soll und muss gelernt werden, neue Fehler dürfen ruhig gemacht werden, weil jeder neue Fehler eine Lernchance ist. »Nur wer überhaupt nichts macht, macht keine Fehler«, so Lech Walesa.

Mittlerweile ist dies ein geflügelter Satz bei allen Mitarbeitern. Er hat nicht nur dazu geführt, dass die Mitarbeiter die Angst vor Fehlern weitgehend verloren haben und nun offen damit umgehen. Es wird nicht mehr danach gefragt, wer der Schuldige ist, sondern danach, wie sich aus Fehlern lernen lässt. Statt einer Fehlerkultur hat sich eine Lernkultur etabliert. Dadurch wird bis heute nicht nur die Mitarbeiterzufriedenheit gesteigert, sondern es werden zeitgleich die Kundenerwartungen übertroffen, weil das Unternehmen nun nicht mehr die Probleme in den Vordergrund stellt, sondern die Lösungen.

CHANCE STATT CHANGE

Und nun wusste ich auch, wie ich mein Buch, das Sie jetzt in Händen halten, aufbauen muss und welche Struktur die richtige ist: Ich steige mit Postkartensprüchen ein, die dann nach und nach ihre Wirkung entfalten und zum Nachdenken anregen.

2 DIE HOFFNUNG STIRBT ZULETZT, ABER SIE STIRBT

Bei einem meiner Kunden aus dem Elektrogroßhandel, der das ganze Trauerspiel nutzloser Veränderungsprozesse mitgespielt hatte, sollte ein neuer Geschäftsführer die Rettung bringen. Seine Erkenntnis: In dem Unternehmen konnte es keinen nachhaltigen Fortschritt geben, wenn er nur das fortführen würde, was seine Vorgänger und deren externe Berater gemacht hatten: Dinge nur verändern statt neu denken.

Die Vorgänger und Berater hatten klassisches Veränderungsmanagement betrieben und das Alte mit fatalen Folgen bekämpft. Umsatzrückgang stoppen und Kosten senken durch Rationalisierungen, natürlich auch im Personalbereich. Mit noch mehr Tabellen und Checklisten den Kontrollwahn verstärken und ganze Geschäftsbereiche in den Dornröschenschlaf versetzen. Die logistischen Probleme mithilfe neuester Technik lösen. Das Beschwerdemanagement mit noch mehr Mitarbeiterschulungen lahmlegen. Dem Umsatzrückgang mit Panik-Verkaufsattacken entgegenwirken.

PERFEKTIONIERE DEINE GEWOHNHEITEN, STATT DICH ZU VERÄNDERN!

Was hat der neue Geschäftsführer nun stattdessen gemacht, mit meiner Unterstützung?

Seine Ausgangsfrage lautete: »Wo können wir innovativ Platz für Neues schaffen, ohne uns vom Bewährten trennen zu müssen? Wo sollten wir die Dinge neu denken, statt sie nur zu verändern?«

Der Geschäftsführer hat also die Tradition des Unternehmens wiederaufleben lassen und das Kerngeschäft in den Mittelpunkt gerückt. Back to the roots – und damit das Neue kreieren. So ließ er ein Führungskräfteprogramm speziell für den Elektrogroßhandel entwickeln, das sich nicht an der Wissensvermittlung orientierte, sondern an den bisherigen praktischen Erfahrungen. An den Logistikproblemen wurde nicht herumverändert, die Logistik wurde vielmehr neu aufgestellt, bis hin zum Abriss der Lagerhalle: Statt die alte Lagerhalle zu renovieren, veranlasste er den Bau einer neuen Lagerhalle und die Implementierung eines Logistiksystems auf der Grundlage vergangener Erfahrungen.

Die Mitarbeiterschulungen ließ er auf ein Minimum herunterfahren. Denn die Mitarbeiter waren überschult, ständige Weiterbildungen hatten sie zu theoretischen Wissensriesen, aber leider auch zu praktischen Handlungszwergen mit riesigen Umsetzungsdefiziten gemacht. Die Mitarbeiter benötigten nicht die x-te Theoriebeschulung, sondern die Motivation, endlich wieder Waren effektiv in die Regale einzuräumen beziehungsweise sie kundenorientiert zusammenzustellen, einzupacken und zu verschicken. Back to the roots eben.

Der Geschäftsführer löste zudem die Beschwerdemanagementabteilung auf und baute einen neuen Kundenservice auf. Nicht die Verwaltung der Beschwerden, sondern die Servicequalität steht jetzt im Vordergrund. Auch den Vertrieb strukturierte er neu, indem er die Fachmitarbeiter zurück in die Kundenberatung beorderte und neue Vertriebsmitarbeiter mit Vertriebs-Sieger-Gen einstellte.

CHANCE STATT CHANGE

Neugestaltung heißt oft nur: Denke die Dinge neu, statt sie nur zu verändern. Prüfe, welche Gewohnheiten, Routinen, Prozesse und Abläufe übernommen werden sollten, an welche sich der Neugestaltungsprozess andocken lässt. Denn Gewohnheiten und ritualisierte Verhaltensweisen haben den Vorteil, dass sie den Mitarbeitern vertraut sind. Sie garantieren Sicherheit, Stabilität und Orientierung. Darum sollten Sie die abrupte Loslösung von ihnen vermeiden. Gewohnheiten erleichtern den Mitarbeitern das alltägliche Leben, weil sie über gewisse Dinge nicht ständig aufs Neue nachdenken müssen und so Arbeitsschritte effizienter ausführen können.

3 DER UNTERSCHIED ZWISCHEN UNMÖGLICH UND MÖGLICH BESTEHT NUR IN ZWEI BUCHSTABEN

Ich selbst bin ja nicht der sportlich Ambitionierteste, auf jeden Fall ist es mir nie in den Sinn gekommen, Leistungssport zu betreiben. Darum war ich schon etwas erstaunt, als mir ein befreundeter Kollege erzählte, wie wichtig es sei, bestimmte Bewegungsabläufe zu automatisieren, um auf dieser Grundlage die Sicherheit und Freiheit zu gewinnen, aus dem Schema der Automatismen auszubrechen. Große sportliche kreative Leistungen seien nur möglich, wenn der Sportler technische Perfektion mithilfe von Routinen und Gewohnheiten aufbaue, um sie sodann einzureißen. Dann seien kreative Höchstleistungen möglich. Durch die Automatisierung der Bewegungsabläufe, über die der Sportler nicht mehr nachdenken muss, wird der Kopf frei für das Neue, Überraschende und Kreative.

Dieses Prinzip begegnet uns überall dort wieder, wo Außergewöhnliches geleistet wird. Die Pianistin Hélène Grimaud äußerte in einem Interview:»Durch Automatisierung erreichst du Freiheit. [...] Durch Routine erhöhst du deine Chance darauf, dass dir ein besonderer Abend gelingt. Wenn du geübt hast, können sie dich um vier Uhr wecken, oder du kannst krank oder verspätet sein, und du lieferst immer noch ein gutes Konzert.« Die Französin, die auf Anraten der Ärzte als Neunjährige mit dem Klavierspielen begann, um etwas gegen ihre Zwangsstörungen zu tun, übt bis zum Umfallen, damit sie auf der Bühne nicht über mechanische Dinge nachdenken muss – nur so erreiche sie den Zustand der Trance.

In meinen Coachings erlebe ich, dass und wie das offene und freie Denken und das Nachdenken über neue Perspektiven nur möglich ist, wenn der Coachee für sich den Rahmen geklärt hat. Er ist sich seiner Werte, Überzeugungen, Einstellungen und Positionen bewusst, und von da aus ist es möglich auszubrechen, das vollkommen Andere, Neue und Ungewohnte zu denken. Gib mir einen Rahmen und ich sage dir, wie du daraus ausbrechen kannst. Baue Gewohnheiten und Routinen auf und du weißt, wie du deren Grenzen überschreiten kannst. Denke entlang einer klaren und geraden Linie, und du gewinnst die Sicherheit, auch die Seitenlinien zu beschreiten.

Natürlich: Es gibt die Gefahr, dass sich das Handeln und Denken in Gewohnheiten und Routinen verfestigt. Wir drehen uns im Kreis, uns wird schwindelig, und wir verlieren die Orientierung. Wenn sich Routine in Problemlösungsprozessen breitmacht, entfaltet sich deren negative Kraft: Sie ist dann der Totengräber kreativer Problemlösungsprozesse. Routiniertes Denken in Schubladen und festgefahrenen Denkbahnen ist der natürliche Feind jeder Flexibilität und jedes

DIE ROUTINE IST DER BESTE FREUND DER VERÄNDERUNG

kreativen Denkens. In den meisten Fällen aber ist es so, dass uns das Denken und Handeln im selben Rahmen erst die Freiheit gibt, ihn zu verlassen und das Neue zu wagen.

Routine und Gewohnheiten – dabei handelt es sich also manchmal um ein zweischneidiges Schwert. Entscheidend ist: Routinen erleichtern Lernprozesse und führen zu eingeschliffenen Denkweisen und Handlungen, bei denen wenig Energie verbraucht wird. Denken wir nur an das Autofahren: Ohne größeres Nachdenken führen wir die notwendigen Hand- und Fußgriffe aus, die das Autofahren ermöglichen. Über je mehr Denk- und Handlungsroutinen wir verfügen, desto mehr Energie können wir in die Bewältigung neuer und komplexer Prozesse investieren: Dem Autofahrer, der sein Fahrzeug aus dem Effeff beherrscht, steht in brenzligen Situationen kreatives Potenzial zur Verfügung, um sie zu meistern.

CHANCE STATT CHANGE

Wenn wir Großes, Neues und Ungewöhnliches leisten wollen, gelingt dies am besten auf der Basis eines Rahmens und gesicherter Erkenntnisse. Welcher Rahmen das in dem jeweiligen Verantwortungs- und Handlungsbereich ist, kann nur jeder für sich selbst entscheiden und festlegen. Der Rahmen sorgt für Fokussierung, und wer fokussiert, gewinnt zugleich die Freiheit, über den Rahmen hinauszublicken. Erst Routine und Gewohnheit gewähren die Freiheit der Veränderung und Innovation.

4 SEI DU SELBST, DENN ALL DIE ANDEREN GIBT ES SCHON!

Wer kennt diesen Spruch nicht: »Wenn du ein Schiff bauen willst, dann rufe nicht die Menschen zusammen, um Holz zu sammeln, Aufgaben zu verteilen und die Arbeit einzuteilen, sondern lehre sie die Sehnsucht nach dem großen weiten Meer.«

Ich sehe schon, wie nun das große Gähnen beginnt. »Nicht schon wieder dieser Kalenderspruch! Muss das sein, uns nun auch noch mit diesen Kalenderweisheiten zu langweilen?« Immer wenn es um Visionen geht, muss Antoine de Saint-Exupéry herhalten. Wer so denkt, geht davon aus, dass bei großen innovativen Prozessen und Veränderungsinitiativen das Rad immer wieder aufs Neue erfunden werden muss. Allerdings: Kalendersprüche werden deswegen zu Kalendersprüchen, weil mit ihnen Weisheiten und ewige Wahrheiten zum Ausdruck gebracht werden, die nicht deswegen an Bedeutung verlieren, weil sie Allgemeingültigkeit besitzen.

Klischees sind Klischees, weil sie – meistens jedenfalls – eine allgemeingültige Wahrheit zur Sprache bringen. Selbstverständlichkeiten verstehen sich von selbst, weil sie – wiederum jedenfalls meistens – auf einem wahren Kern beruhen. Und Gewohnheiten und eingeschliffene Standards konnten sich eben deswegen zu dem entwickeln, was sie sind, weil sie sich irgendwann einmal bewährt haben.

Es ist alles schon einmal da gewesen. Als Trainer und Coach beobachte ich, wie zum Beispiel im Bereich der Persönlichkeitsanalysen regelmäßig eine neue Sau durchs Dorf getrieben und eine neue Methode geboren wird, um die eigene Persönlichkeit und die anderer Menschen einzuschätzen. Und es ist auch hilfreich und gut, nach Analysetechniken zu forschen, um andere Menschen und sich selbst einzuschätzen.

ICH MAG MICH JETZT SCHON!

Seit Menschengedenken versuchen wir, Menschen in Typen zu untergliedern und in Klassen einzuteilen, um uns den Umgang mit ihnen zu erleichtern. Das ist auch in Ordnung so, solange wir darüber nicht den Blick auf die Individualität des einzigartigen Menschen verlieren, mit dem wir kommunizieren. Jede Typologie birgt die Gefahr der unzulässigen Vereinfachung. Dessen müssen wir uns bewusst sein und die mit einer Typologie gewonnenen Einsichten im persönlichen Gespräch überprüfen.

Zu den ältesten Typologien gehört die Viersäftelehre des Hippokrates, der wahrscheinlich in der Zeit von 460 bis 370 vor Christus gelebt hat. Auf ihn gehen viele der modernen Typologien zurück. Die Viersäftelehre wurde zur Temperamentlehre weiterentwickelt, die zu der Unterscheidung zwischen dem kreativ-impulsiven Sanguiniker, dem ruhig-sachlichen Phlegmatiker, dem Melancholiker und dem dominanten Choleriker geführt hat. Damit ist die Mutter aller Persönlichkeitsanalysen beschrieben. So ist wohl der Psychiater und Psychologe C. G. Jung von der Viersäftelehre und der Temperamentlehre beeinflusst worden. Sie hat ihn zu der Unterscheidung zwischen extravertierten und introvertierten Menschen und der Differenzierung der vier Funktionen

Denken, Fühlen, Intuition und Empfinden geführt. Dies wiederum hat die Entwicklung des Myers-Briggs-Typindikators nach sich gezogen, und bis zu DISG, HDI und der Big-Five-Theorie ist es dann auch nicht mehr weit ...

Doch nun genug der Herleitungen. Was zu belegen war und ist: Es ist alles schon einmal da gewesen, alles baut aufeinander auf. Und auch das ist ja keine neue Wahrheit und Weisheit ...

CHANCE STATT CHANGE

Gewohnheiten und Rituale genießen bei der Durchführung von Veränderungsprozessen einen denkbar schlechten Ruf. Darum werden sie im Zuge eines Veränderungsprozesses rasch über Bord geworfen. Sie aber von vornherein als etwas zu diffamieren, das den Veränderungsprozess hemmt und blockiert, ist kontraproduktiv.

Seitdem ich das verstanden habe, überlege ich in vielen Situationen meines Lebens, wann und wo es sinnvoll und geradezu unerlässlich ist, am Bewährten anzuknüpfen. Auch wenn sich etwas zehntausendfach bewährt hat, kann es der kreative Ausgangspunkt von etwas ganz Neuem sein. Das gilt auch für die eigene Weiterentwicklung – ich muss mich nicht ständig neu erfinden. Alle anderen gibt es schon, und darum bleibe ich lieber ich selbst.

5. GESTALTE DEIN LEBEN SO, DASS DU KEINEN URLAUB MEHR BRAUCHST

Gerade in der Zeit, in der ich mich vom Change-Freak zum Anpassungsenthusiasten entwickelt habe, habe ich sehr viel über den Begriff »Veränderung« und das Wesen der Veränderung nachgedacht. Wenn man jahrelang einer bestimmten Denkrichtung verhaftet ist, die einen Großteil des Lebens bestimmt, ist es schwierig, sich innerlich auch einmal davon zu distanzieren, die Straßenseite und damit die Sichtweise zu wechseln und eine andere Perspektive einzunehmen. Viele Menschen pflegen dann ein Ritual – der eine hat die besten neuen Ideen unter der Dusche, der Zweite beim Sport, und für den Dritten ist der Ortswechsel entscheidend. Ich selbst gehöre zu den Ortswechsel-Menschen mit Sterngucker-Mentalität. Das heißt: Ich gehe gerne mitten in der Nacht, möglichst bei sternenklarem Himmel, in einer mir bis dahin unbekannten Gegend spazieren, um in Ruhe nachzudenken. So auch damals in Hamburg.

Ich las gerade den Roman *Der Leopard* des italienischen Schriftstellers Guiseppe Tomasi de Lampedusa. Darin heißt es: »Wenn wir wollen, dass alles so bleibt, wie es ist, dann ist es nötig, dass sich alles verändert.« Dieser rätselhafte Satz hat mich damals wie heute sehr beschäftigt, und jedes Mal wenn ich über ihn nachdenke, habe ich eine andere Meinung dazu.

Zunächst einmal ist es wohl tatsächlich so: Die meisten Menschen wollen, dass es so bleibt, wie es ist. Viele Menschen scheuen die Veränderung. Selbst wenn die Gegenwart eine schlechte ist und die Verhältnisse verbesserungswürdig sind, möchten sie das Gewohnte nicht gegen etwas eintauschen, das sie nicht kennen und nicht einschätzen und beurteilen können. Es ist ihnen zu mühsam, zu anstrengend. Kaum hat man sich etwas erkämpft, soll man es auch schon wieder aufgeben und gegen etwas anderes eintauschen. Allerdings: Verhielten sich alle Menschen so, würden wir vielleicht noch auf den Bäumen sitzen. Fortschritt und Weiterentwicklung wären kaum denkbar, wenn immer alles so bliebe, wie es ist.

Ein weiterer Gedanke: Veränderung ist aber nicht nur dann möglich, wenn es zu einem Wechsel kommt und wir, die Menschen, aktiv etwas verändern. Es gibt Veränderungsprozesse, auf die wir keinen Einfluss haben, die sich von selbst ergeben, die in der Natur der Dinge liegen und ohne unser Zutun einfach geschehen. So kommt es, dass sich alles verändert, obwohl wir selbst keinen Wechsel vornehmen. Wir verändern also nichts, und trotzdem bleibt nichts, wie es war. »Stirb und werde«, heißt es bei Goethe, »Panta Rhei« bei dem griechischen Philosophen Heraklit, also »alles fließt«. Das Weltgeschehen und das menschliche Schicksal beruhen auf einem ewigen Werden und Vergehen, auf dem unablässigen Wechsel von Weiterentwicklung, Stagnation und Fortschritt. Veränderungen und Verwandlungen geschehen ohne unser aktives Zutun. Es wird sich also sowieso alles wandeln – warum sollten wir diesen Prozess dann auch noch beschleunigen?

DU HAST KEINE SORGEN? DANN VERÄNDERE DICH UND DU KANNST DICH VOR SORGEN NICHT RETTEN

Und dann ist da noch dieser Gedanke, dass die Veränderung zur Nichtveränderung führt: Indem sich alles ändert, bleibt alles, wie es ist. Oder will Giuseppe Tomasi de Lampedusa andeuten, dass es gerade die Nichtveränderung ist, die die Veränderung unvermeidlich nach sich zieht? Wahrscheinlich meint er beides. Bei dem Ausspruch handelt es sich auch um ein Paradox, um ein irritierendes Spiegel- und Rätselbild, das gerade durch seine Uneindeutigkeit zum Ausdruck bringt, wie das Leben der meisten von uns abläuft: rätselhaft und irritierend.

Natürlich versuchen wir oft, Entwicklungen nachträglich eine Deutung zu geben. Wir stellen im Nachhinein Zusammenhänge her, die sich aber erst ergeben, nachdem etwas passiert und eingetreten ist – wahrscheinlich weil wir nicht akzeptieren wollen und es nicht aushalten können, dass wir dem Zufall ausgeliefert sind. Lieber stellen wir nachher Zusammenhänge her, die es gar nicht gibt, als uns einzugestehen, dass es Dinge gibt, auf die wir keinen Einfluss nehmen können und die nicht oder nur durch den Zufall zu erklären sind.

CHANCE STATT CHANGE

Doch nun genug philosophiert. Vielleicht kennen Sie auch einen Spruch wie den von Guiseppe Tomasi de Lampedusa, der Sie immer wieder beschäftigt und Sie zum Nachdenken und Querdenken anstiftet. Ich erhoffe mir diese Reaktion übrigens auch durch meine Postkartenspruch-Überschriften und Gedankensplitter, in denen ja zuweilen ebenfalls das Gegensätzliche zusammengedacht und die Perspektive gewechselt wird.

Übrigens: Den Perspektivenwechsel kann man trainieren und üben. Ich selbst habe mir zum Beispiel angewöhnt:

- In fremde Welten einzutauchen, indem ich ein gutes Buch lese und ins Theater gehe.
- Vor allem Aphorismen zu lesen. Ein Aphorismus ist ein kurzer Text, ein Gedankensplitter, in dem der Autor Dinge zuspitzt, auf die Spitze treibt, sie mutwillig übertreibt, Bekanntes und allgemein Akzeptiertes infrage stellt und Vorurteile bloßstellt. Ein Aphorismus animiert mich zum Widerspruch und schreit geradezu nach meiner Stellungnahme. Aphorismen wie »Wie überzeugend alles klingt, wenn man wenig weiß« (Elias Canetti) oder »Sei Realist: Sprich nicht die Wahrheit« (Stanislaw J. Lec) eignen sich daher vorzüglich, den Wechsel der Sichtweise zu trainieren und eine

Veränderung auch einmal in einem ganz anderen Licht zu sehen. Der Ausspruch von Guiseppe Tomasi de Lampedusa gehört auch dazu.

- Offensiv das Gespräch mit Menschen zu suchen, von denen ich hundertprozentig weiß, dass sie eine andere Meinung vertreten als ich. Was nutzen mir Jasager, die dasselbe denken wie ich? Es ist der Widerspruch, der mich reizt, meine Ansichten auf den Prüfstand zu stellen. So schärfe ich meine Gedanken und Ansichten – oder gelange in dem einen oder anderen Fall zu gänzlich neuen Einsichten.

6 WIESO, WESHALB, WARUM? WER FRAGT, BLEIBT NICHT DUMM

Meine größten Erfolge im Leben sind meine beiden Söhne. Nico ist heute einundzwanzig und Evan fünfundzwanzig Jahre jung. Wenn es um die Themen Einfachheit, Spaß, Erfolgsgewohnheiten und Zielfokussierung geht, habe ich viel von meinen beiden Jungs lernen können. Dabei ist es nicht immer einfach, hinter kindlichem Verhalten Genialität zu erkennen. Ich bin aber der festen Überzeugung: Wer sich aus den festgefahrenen Bahnen des Erwachsenendenkens zu befreien versteht und das Verhalten seiner Kinder unbefangen und eben nicht mit Scheuklappen betrachtet, kann etwas wirklich Wichtiges für das Leben lernen. Jedenfalls ist es mir mit meinen Kindern oft so ergangen.

Gut – wahrscheinlich bin ich diesbezüglich nicht ganz objektiv und etwas voreingenommen, aber nehmen wir zum Beispiel Evan. Als er drei Jahre alt war, hatte er bereits klare Ziele. Seine Zielfokus-Fragen für den Tag lauteten:

- Wer spielt mit mir?
- Woher bekomme ich etwas Süßes?

Diese beiden Tagesziele verfolgte er mit aller Konsequenz, Konzentration, Fokussierung und nachhaltigem Engagement, und zwar jeden Tag, auch an Sonn- und Feiertagen.

Heute weiß ich, dass wohl alle Kleinkinder diese Ziele verfolgen. Wahrscheinlich sprechen sie sich auf dem Spielplatz ab:»Und, was hast du so für ein Ziel? Ach, ich schaue mal, wo ich gleich was Süßes finde. Und du? Ich such mir gleich mal jemanden, der mit mir weiterspielt, wenn wir zu Hause sind.«

WER FRAGT, IST EIN NARR FÜR FÜNF MINUTEN. WER NICHT FRAGT, BLEIBT EIN NARR FÜR IMMER

Konfuzius

Ich weiß es noch wie heute, als Evan mir zum ersten Mal die Frage stellte, ob er was Süßes bekommen könne. Meine Antwort, ohne weiter darüber nachzudenken, war ein spontanes»Nein!« Ich habe eine einfache These dazu entwickelt, was bei einem Nein in der Kommunikation zwischen Kindern und Eltern passiert. Ich nenne es die»Crash-Kommunikation zwischen Kindern und Erwachsenen bei einem Nein«.

Es fängt mit der Stufe 1 an – dem Crasher: Das Kind, also Evan, will etwas haben und fragt zum Beispiel nach etwas Süßem. Der Erwachsene, also ich, antwortet mit einem»NEIN!«

Automatisch startet die Stufe 2 – die kindliche Reaktionsrakete: Sobald das Wort NEIN gefallen ist, kommt es im Gehirn des Kindes zu einer chemischen Reaktion. Beim Kind ist jetzt die Botschaft angekommen:»Okay, der Erwachsene ist jetzt aufnahmefähig, er ist empfangsbereit für die Verhandlung!«

Hier setzt nun die Stufe 3 ein – der Gegenschlag: Der Gegenangriff erfolgt unverzüglich mit einer einfachen, aber sehr wirksamen Frage:»Warum?« Diese Frage bringt die meisten Eltern schier zur Verzweiflung, die nicht selten zur Resignation führt. Das galt seinerzeit natürlich auch für mich.

Denn jetzt wird die Stufe 4 eingeläutet – die chemische Reaktion bei einem ausgewachsenen Menschen: Jetzt also wird in meinem Erwachsenengehirn, jedenfalls nach meiner Theorie, ebenfalls eine chemische Reaktion gestartet, ausgelöst durch die einfache, aber geniale Warum-Frage. Diese chemische Reaktion setzt bei mir sofort eine Gedankenflut frei, die mich bis an meine mentalen Grenzen bringen kann:»Du musst eine Antwort finden, du musst eine Antwort finden«, pocht es in meinem Kopf. Und ich finde sie, diese Antwort, die da lautet:»Weil du noch nicht richtig gegessen hast!«

Natürlich bin ich mächtig stolz auf meine Erklärung. Bestimmt können wir das so oder ähnlich auch in einem Erziehungsratgeber nachlesen. Doch meine Freude währt nicht lange, denn sie wird gleich mit einer neuen Frage über den Haufen geworfen:

Das Kind, also Evan, eröffnet die Stufe 5 und sagt:»Papa, wenn ich was Richtiges gegessen habe, dann bekomme ich also was Süßes?«Ich nenne diese Stufe die»Phase der Erziehung der Erwachsenen zum Jasager«.

Mit dieser Frage erwischen uns die Kinder auf dem linken Fuß. Wir sind perplex, verwirrt, desorientiert. Sie ahnen, wie der Erwachsene, in dem Beispiel also ich, reagiert und antwortet:»Ja, klar.« Danach rennt das Kind in die Küche, holt sein Micky-Maus-Besteck aus der Schublade, setzt sich an den Esstisch und fragt:»Wo bleibt das Essen?« – Wir befinden uns auf Stufe 6, in der Phase der absoluten Erwachsenen-Niederlage.

CHANCE STATT CHANGE

Hut ab vor den Kindern und ihren einfachen Fragen.»Wieso, weshalb, warum? Wer fragt, bleibt *nicht* dumm!« Haben wir Erwachsenen verlernt, einfache Fragen zu stellen? Wir fragen weniger und behaupten mehr. Wir haben auch verlernt, konzentriert zuzuhören. Oder noch schlimmer: Wir meinen, hellsehen zu können und genau zu wissen, was ist und was der andere meint, statt wieder mehr zu fragen.

Die Journalistin Marion Glück-Levi, Vorsitzende der Stiftung *Zuhören*, beklagte 2012 die abnehmende Fähigkeit und Bereitschaft, dem anderen aufmerksam zuzuhören. Wer sich eine Talkshow anschaut, darf oft genug beobachten, dass ein Gesprächspartner bereits seine Schlüsse gezogen hat, bevor der andere überhaupt zu Ende gesprochen hat. Er fällt ihm ins Wort und antwortet – ohne auch nur im Geringsten auf das einzugehen, was der andere gesagt hat.

Im Jahr 2014 hat eine Studie der Universität Leipzig Aufsehen erregt, nach der sich Patienten bei weiblichen Medizinern besser aufgehoben fühlen. Der Hauptgrund: Ärztinnen fragen häufiger nach und sind die besseren Zuhörerinnen. Die Studie basierte auf der Befragung von 1.200 Krebspatienten, die das kommunikative Verhalten ihrer ärztlichen Gesprächspartner sehr sensibel beobachten und bewerten.

Für mich heißt das: Statt immer nach der großen, umwälzenden Veränderung zu forschen, müssen wir unsere Zuhör- und Fragekompetenz verbessern und lernen, (wieder öfter) wie die Kinder zu denken und zu fragen: einfach, zielgerichtet, ergebnisorientiert.

7 LASSEN WIR DEN DINGEN DOCH IHREN FREIEN LAUF! DANN VERBESSERN SIE SICH WIE VON SELBST!

Wie wir schon in Change Fuck 6 gesehen haben, ist es immer wieder spannend, dass und was wir von Kindern lernen können. So brachte Nico, mein jüngster Sohn, mir einst die Grundzüge des zielorientierten Denkens und Verhandelns bei.

Nach meiner Zimmermannslehre arbeitete ich nur kurz in diesem Beruf. Es machte mir zwar großen Spaß, bei der Entstehung eines Hauses mitzuwirken; doch was mir noch mehr Spaß machte, war der Austausch mit anderen Menschen, die Kommunikation – kurz: das Reden. Darum absolvierte ich eine weitere Ausbildung, und zwar als Versicherungsfachmann. Hier lernte ich viel über den Umgang mit Menschen und das zielorientierte Denken und Handeln – wie ich aber meinen Zielfokus nie aus den Augen verliere, das hat mir erst Nico beigebracht.

WIR LERNEN OFT, WAS WIR VERGESSEN SOLLTEN. UND VERGESSEN, WAS WIR LERNEN SOLLTEN

Ich erinnere mich: Immer wenn ich nach Hause kam und die Hofeinfahrt hinauffuhr, rannte mir Nico schon entgegen. Ich war noch nicht einmal richtig aus dem Auto, da fragte er mich gleich, ob wir jetzt etwas spielen könnten. Und ein Blick in seine hoffnungsvollen Augen genügte, um mich zum Jasager zu machen.

Doch eines Tages kam ich wirklich erschöpft von der Arbeit nach Hause. Also antwortete ich nur: »Heute nicht.« Sofort setzte die Crash-Kommunikation zwischen Kindern und Erwachsenen bei einem Nein ein, die sich Nico offenbar bis zur Perfektion bei seinem älteren Bruder abgeschaut hatte. Er fragte: »Warum?« Ich überlegte kurz und antwortete mit entschlossener Stimme, dass ich so müde sei und mich erst einmal ausruhen müsse.

Wer jetzt glaubt, dass Kinder ein Nein einfach so hinnehmen und aufgeben, der hat noch keine Kinder großgezogen. Im Gegensatz zu vielen Erwachsenen haben Kinder eine hohe Frustrationsgrenze. So konterte auch Nico mit der nächsten Frage: »Okay, wann bist du fertig mit Ausruhen?« Mist, dachte ich, schon wieder auf dem linken Fuß erwischt. Ich antwortete etwas unüberlegt und schon leicht überfordert, dass es nach dem Abendessen wohl klappen könnte. Sofort platzte es aus ihm heraus: »Dann räume ich mein Zimmer schnell auf, damit wir gleich zu Abend essen und dann spielen können!« »Ja klar, gute Idee«, sagte ich, sah ihn nur noch ins Haus rennen und hörte ihn rufen: »Mama, Papa will Abendbrot, mach schnell!« So ein Schlingel, dachte ich. Jetzt hat er mich ganz schön überrannt.

CHANCE STATT CHANGE

In meinen Führungskräfte- und Verkaufstrainings fragen mich die Teilnehmer häufig, ob man es tatsächlich lernen könne, Mitarbeiter durch zielorientiertes Denken zu motivieren oder Kunden im Verkaufsprozess zu überzeugen, oder ob uns das nicht doch in die Wiege gelegt worden ist – der eine kann es eben und der andere nicht.

Aufgrund meiner jahrelangen Coachinggespräche und persönlicher Erfahrungen habe ich hierzu eine klare Meinung: Nein, diese Fähigkeiten sind nicht angeboren. Verkaufen und Menschenführung – das lässt sich lernen. Allerdings müssen wir als Kinder lernen, anderen etwas zu verkaufen und mit allem, was uns zur Verfügung steht, zu überzeugen. Wie sonst sollen wir als Kinder unseren Kopf durchsetzen und für die Erfüllung unserer Wünsche und Bedürfnisse kämpfen?

Ein Kunde hat mir einmal berichtet:»Kinder sind geniale Verkäufer: Maximilian setzt seine blauen Augen als Verkaufsargument ein, nimmt Blickkontakt mit mir, seinem Kunden, auf, zeigt mir das Auto, mit dem er spielen will, brilliert auf der Klaviatur der Emotionen und Gefühle. Ein Anruf in der Firma, ich komme heute etwas später. Mein Sohn hat mich überzeugt – und mir zugleich unendlich viel gegeben und geschenkt.«

Doch auf dem Weg zum Erwachsenen verlernen leider die meisten von uns diese Kompetenz wieder. Oder sie wird uns aberzogen. Heute gehören die Fähigkeiten, andere zu überzeugen, mit ihnen zu verhandeln und etwas zu verkaufen, zu den wichtigsten Eigenschaften, die ein Mensch nicht nur in seiner beruflichen Laufbahn dringend benötigt. Was also passiert? Verkäufer und Führungskräfte rennen in Seminare und werden auf Trainings und Coachings geschickt, damit sie ihr Verhalten verändern.»Verhaltensveränderungen im Vertrieb und in der Führung« – dieses Thema gehört in der Veränderungsgesellschaft zu den beliebtesten. Dabei wäre es viel einfacher, darauf zu achten, dass wir die in der Kindheit erworbene Kompetenz, andere zu überzeugen, konsequent zu verhandeln und exzellent zu verkaufen, gar nicht erst verlernen.

Die weltweit besten Verkäufer sind für mich Kinder. Kinder verkaufen ihren Eltern alles, was sie wollen, und engagieren sich mit Haut und Haaren für die Zielerreichung. Erst später lernen sie, wie es angeblich wirklich geht – und dann klappt es nicht mehr. Also geht es ab in die Motivations- und Verkaufsschulung ...

Doch sehen wir uns die Phasen der kindlichen Gesprächsstrategie einmal genauer an:

1. Phase: Aufwärmen und Beziehung aufbauen
Gute Verkäufer sollen Beziehungsmanager sein und eine gute Beziehung zum Kunden aufbauen. So gehen auch Kinder vor, wenn sie etwas wollen – nicht selten mit vollem Körpereinsatz, etwa mit herzlichen Umarmungen, großen Kulleraugen und Totschlagargumenten wie:»Ich hab dich lieb!«

2. Phase: Interesse wecken

Verkäufer wie Kinder zeigen und wecken Interesse. Kinder setzen am Anfang gerne ihre Körpersprache ein. Sie nehmen Blickkontakt auf, springen in unsere Arme und nutzen emotionale Interessewecker, denen wir uns nicht entziehen können, und halten uns ihr Lieblingsstofftier unter die Nase. Oder sie berichten, was sie heute Spannendes erlebt haben.

3. Phase: Analyse

In dieser Phase stehen Kinderfragen wie etwa »Spielst du mit mir?« oder »Bekomme ich etwas Süßes?« im Fokus. Verkäufer stellen in dieser Phase Fragen, um festzustellen, was dem Kunden wirklich wichtig ist.

4. Phase: Präsentation

Nutzen und Mehrwert für den Kunden stehen im Mittelpunkt. Und auch Nico präsentiert mir einen interessanten Zusatznutzen: »Dann räume ich jetzt mein Zimmer schnell auf ...!«

5. Phase: Einwandbehandlung

Verkäufer agieren hier mit Fragen, die ihnen zeigen, warum Kunden noch zögern, warum sie Nein sagen, warum sie mit Vor- und Einwänden arbeiten. Sie versuchen herauszufinden, was geschehen muss, damit sich der Kunde doch noch für sie entscheidet. Nico kontert meinen Einwand, ich wolle mich ausruhen, mit der einfachen Frage: »Okay, wann bist du fertig mit Ausruhen?«

6. Phase: Abschluss und Entscheidung

Nun gut, Sie wissen mittlerweile, dass hier das JA des Erwachsenen folgt – Nico freut sich über einen erfolgreichen Abschluss.

Ich möchte die Analogien zwischen dem Verkaufen und dem kindlichen Vorgehen, Erwachsene zu überzeugen, nicht übertreiben. Was mir wichtig ist: Das Problem mit der Veränderungsbereitschaft, die viele Menschen nicht aufbringen können und auch nicht aufbringen wollen, weil sie sich vor Veränderungen fürchten, würde weitaus kleiner, wenn wir unseren Kindern nicht ständig gewisse Dinge austreiben würden. Besser ist es, sie so wachsen zu lassen, wie es in ihrer Natur liegt, statt von außen permanent verändernd einzugreifen.

Gewiss: Das ist ein gesellschaftliches Problem, ein Erziehungsproblem, das sich durch die Change-Fuck-Attitüde bestimmt nicht beheben lässt, zumindest nicht von heute auf morgen. Aber das muss ja nicht bedeuten, dass wir nicht irgendwann damit anfangen können, die Kinder und die Menschen so zu lassen, wie sie sind.

8. DIE MUTTER ALLER WEISHEITEN IST DIE WIEDERHOLUNG

Ein Seeadler kreist am Himmel, erblickt eine Ente, stürzt auf sie herab, die Ente rettet sich, indem sie unter Wasser taucht. Im nächsten Moment schwingt sich der Adler wieder auf, wartet dort oben auf günstige Thermik, verändert seine Flughöhe und versucht es nochmals, aber die Ente taucht wieder ab. So geht das bis zu vierzehn Mal: Adler hinunter – Ente hinunter. Adler hoch – Ente hoch. Doch der Adler gibt nicht auf und achtet darauf, seine Flügel nicht ins Wasser zu tauchen. Denn dann würde er nass und schwerfällig. Er hat auch gelernt, mit der Thermik zu fliegen – das spart Kraft. So wiederholt er immer wieder neue Anflüge, bis es ihm gelingt, die mittlerweile völlig erschöpfte Ente vor dem Ertrinken zu retten ...

Als Teilnehmer an meinen Vorträgen und Leser meiner Ente-oder-Adler-Bücher wissen Sie: Der majestätisch-stolze Adler ist der konstruktive Lösungsfinder, die quakende Ente der notorische Problemsucher. Aber selbst der Lösungsfinder muss manchmal mehrere Anflüge wagen, bis sein Handeln von Erfolg gekrönt ist. Für mich ist das Vorgehen des Adlers ein Beispiel dafür, uns dass positive Erfolgsrituale, die immer wieder wiederholt werden, eher zum gewünschten Ziel führen können, als dies bei umfangreichen Veränderungsprozessen der Fall ist, bei denen wir versuchen, bei der Problemlösung die Welt neu zu erfinden.

CHANCE STATT CHANGE

Die Wiederholung ist die Mutter aller Weisheit. Erfolg ist selten Zufall, sondern so gut wie immer das Ergebnis konsequenter Handlung und manchmal schweißtreibender Beharrlichkeit. Thomas Alva Edison kannte 1.800 Methoden, wie man eine Glühbirne *nicht* konstruiert – ebenso oft ist er bei seinen Experimenten gescheitert, aber er hat weitergemacht und seine Versuche immer wieder aufs Neue gestartet. Der Erfinder meinte auch: »Genie ist ein Prozent Inspiration und 99 Prozent Transpiration.« Ich möchte ergänzen: »Verbesserung ist (oft) ein Prozent Veränderung und 99 Prozent Festhalten am Bewährten und Gewohnten.«

Oder denken wir an Marie Curie: Sie entdeckte das Radium bei einem ihrer zahlreichen misslungenen Experimente. So manche kreative Lösungsfindung schlägt recht seltsame Wege ein,

LEBEN HEISST, DER WIEDERHOLUNG NICHT ÜBERDRÜSSIG WERDEN Bernhard Steiner

bevor sie das Licht der Welt erblickt – gescheiterte Versuche sind ihre traditionellen Wegbegleiter. Aber wie für den Seeadler gilt: üben, üben, üben, denn Aufgeben ist keine Option.

Darum betone ich in den Gesprächen mit meinen Kunden, wie enorm wichtig es ist, dass sie mit Ausdauer dabei bleiben, wenn sie zu substanziellen Verbesserungen gelangen wollen. Es ist meistens eine Fehleinschätzung und vergebliche Hoffnung, zu erwarten, dass eine Verbesserung gleich im ersten Anlauf gelingt.

Entscheidend ist: Ich schaffe mit ihnen feste positive Rituale. So ist es auch mit der Verkaufsmannschaft eines Unternehmens aus der Automobilbranche geschehen: Wir hatten sechs Trainingstermine vereinbart, dazwischen lag stets eine monatliche Übungszeit. Nach jedem Trainingstermin gab es also eine knapp vierwöchige Umsetzungsphase, in der die Trainingsteilnehmer das Gelernte in ihrem jeweiligen Verantwortungsbereich einsetzten, etwa im Akquisitionsgespräch mit Interessenten, im Kundenkontakt oder auch bei der Mitarbeiterführung.

Durch die Strukturierung des Trainings in mehrere Module oder Intervalle ist es möglich, bestimmte Dinge stetig zu wiederholen und Erfolgsgewohnheiten aufzubauen. So berichtet jeder Teilnehmer zu Beginn eines Trainingstages zunächst einmal über seine Erfahrungen: Wie hat es mit der Anwendung und dem Einsatz des neuen Verkaufs- oder Führungs-Know-hows geklappt? Was ist gut gelaufen, was weniger gut? Zu Beginn einer Trainingseinheit werden die Erfolge gefeiert und die weniger gut gelungenen Aspekte durchaus kritisch reflektiert.

Übrigens: Dadurch entsteht häufig ein enormer motivatorischer Entwicklungsschub. Denn so wird der Fokus auf das gelegt, was funktioniert und was sich durch einige wenige Anpassungen verbessern lässt. Eine typische Teilnehmeräußerung, die ich oft zu hören bekomme, lautet: »Herr Hagmaier, es wirkt befreiend, wenn wir wissen, dass Verbesserungen nicht immer nur mithilfe einer umfassenden Veränderung zustande kommen, sondern indem wir das Bewährte einfach wiederholen.« Das Vertrauen in die eigenen Fähigkeiten wächst, das Selbstvertrauen nimmt zu.

Wichtig in diesem Zusammenhang ist, dass sich jeder Teilnehmer, zum Beispiel jeder Verkäufer, nach jedem Trainingstag ein konkretes Ziel vornimmt. Bei der Umsetzung soll er sich jeden Tag (!) zu einem festgesetzten Zeitpunkt darauf konzentrieren, etwas zu tun, was ihm hilft, jenes Ziel zu erreichen. Er arbeitet also jeden Tag an der Ausbildung einer neuen Kompetenz. So installieren wir für jeden Teilnehmer eine Art Trainingslager im Alltag.

Den Zeitpunkt definiert jeder einzelne Teilnehmer für sich – zum Beispiel: jeden Tag auf dem Weg zur Arbeit oder in der Mittagspause die Termine checken und die neue Verkaufsstrategie durchgehen. Nach dem Motto »Wiederholung – Wiederholung – Wiederholung« wird die neue Verhaltensweise kontinuierlich trainiert, bis sie fest im Verhaltensrepertoire verankert ist.

So lohnt es sich für alle Beteiligten in meinen Coachings und Trainings, das Prinzip der Wiederholung auf ihre Weiterbildungsaktivitäten zu übertragen. Ich nenne das Abo-Coaching: Die Menschen entwickeln sich nicht mehr mithilfe eines punktuellen Seminarbesuchs weiter, sondern mit einem regelmäßigen und doch kurzweiligen Abo-Coaching beziehungsweise Abo-Training, das in einem festen Rhythmus stattfindet, aber individuell auf den einzelnen Teilnehmer zugeschnitten ist, weil er selbst die Ausgestaltung seines Trainingslagers festlegt und mit seinen Alltagsroutinen verknüpft.

9 ERFOLG IST KEIN ZUFALL

Genießen Sie vielleicht gerade Ihren Urlaub, Ihre Freizeit? Dann ist es an der Zeit, das Verrückte zu wagen und zu denken wie die Kinder, um so Ihren Verbesserungsprozess voranzutreiben.

Das erinnert mich an den Lehrer einer Schule für Erwachsenenbildung: Der malte einst einen Punkt auf die Schultafel und fragte die Klasse, was das wohl sei. »Ein Kreidepunkt auf der Tafel, was sonst!«, war die einzige Antwort der erwachsenen Weiterbildungshungrigen.

Als er dieselbe Übung mit einer Kindergartengruppe machte, war sein Erstaunen riesengroß. Den Kindern fielen an die fünfzig verschiedene Dinge ein, die gemeint sein könnten: »Ein zerquetschter Käfer, ein Auge, der Kopf eines Schafs – die Fantasie der quirligen Knirpse lief auf Hochtouren«, so der Lehrer.

DER BESTE WEG ZUR VERBESSERUNG BESTEHT DARIN, ALLES ZU VERÄNDERN - ODER GAR NICHTS

Kreativität hat viel damit zu tun, eingefahrene Bahnen zu verlassen und zu denken wie die Kinder: unbekümmert, fantasievoll, ohne Rücksicht auf die Logik der Antworten. Ein verrückter Gedanke, wie ihn vielleicht auch nur Kinder haben können: Wenn ein Reiter rücklings auf seinem Pferd sitzt, warum nehmen wir dann automatisch an, er und nicht das Pferd sei verkehrt platziert? Wenn Sie also überlegen, wie Sie Ihren Verbesserungsprozess verwirklichen können, setzen Sie sich doch einfach verkehrt herum auf das Problem – so können Sie die Angelegenheit aus einer ungewohnten und innovativen Perspektive betrachten. Das weitet den Blick und ermöglicht neue Zugangsweisen. Gute Ideen entstehen, wenn Sie das System verlassen – so lautet der erste Lehrsatz der Kreativität.

Darum überlege ich oft: Wie würde ein achtjähriges Kind den Verbesserungsprozess meines Kunden angehen? Deshalb ist es auch schon einmal vorgekommen, dass ich einem Kunden ernsthaft geraten habe, die Tochter, den Sohn, die Nichte oder den Neffen um Rat zu fragen. Ich stelle dann zur Diskussion:»Welche Regeln wollen Sie brechen, um den Change als Chance zu verwirklichen und um zu einer Verbesserung zu gelangen, lieber Kunde? Hinterfragen Sie das Selbstverständliche, denken Sie provokativ, bilden Sie Analogien.«

Wenn es sich bei dem Kunden um einen Mann handelt, er also mit einiger Wahrscheinlichkeit eine typisch männliche Sichtweise an den Tag legt, lautet der Tipp:»Wechseln Sie doch mal in das Lager des weiblichen Geschlechts und betrachten Sie Ihr Problem aus der typisch weiblichen Perspektive!«

CHANCE STATT CHANGE

Meine Motivation im Umgang mit den Teilnehmern meiner Weiterbildungsveranstaltungen ist: Ich möchte, dass sich jeder Teilnehmer am Ende des Trainings, Seminars oder Coachings dafür entscheidet, anders zu verkaufen oder anders zu führen. Aber nicht, um sich aus Prinzip zu verändern. Sondern weil er für sich entschieden hat, auf diese Art und Weise einen Verbesserungsprozess in Gang zu setzen.

Es gibt jedoch auch die Variante, dass sich ein Teilnehmer sehr bewusst dafür entscheidet, eben nichts zu verändern und auch nichts anzupassen, weil er merkt, dass seine bisherige Vorgehensweise die beste aller Zeiten ist – zumindest für ihn und aus seiner Sicht. Es bedeutet für mich keine Niederlage, wenn zum Beispiel eine Führungskraft schlussfolgert, dass es keine Strategie, keine Technik oder Methode gibt, die ihr hilft, besser zu führen, und sie vielmehr zu dem Ergebnis gelangt, der eingeschlagene Weg sei der für sie genau richtige. »Herr Hagmaier, ich weiß nicht, ob ich mich überhaupt verändern will oder verändern muss« – auch das ist ein mögliches Ergebnis, zu dem ein Teilnehmer gelangen kann und das durchaus von mehr Kreativität zeugt als der Entschluss, nun den großartigen Veränderungsprozess einzuläuten.

Es gehören Kreativität, Mut und Selbstbewusstsein dazu, sich vom Veränderungswahn zu lösen und mit Überzeugung zu bekennen: »Wenn ich mich verbessern will, darf ich mich gar nicht verändern, sondern muss konsequent den einmal eingeschlagenen Weg weiterverfolgen.«

10 GEFÄLLT DIR DIE ANTWORT NICHT, STELL BESSERE FRAGEN!

Nicht selten werde ich von meinen Kunden schon am Anfang eines Gesprächs gefragt, warum sie sich eigentlich für mich entscheiden sollen und nicht für einen Kollegen, der eine ähnliche Performance oder Problemlösungsvielfalt anbieten kann wie ich. Sie fragen nach meinen Stärken, den Kompetenzen, die mich auszeichnen, und wie und wodurch ich meine nicht gerade bescheidenen Honorare rechtfertige. Meine Antwort besteht oft aus Gegenfragen ...

»Stopp!«, werden Sie nun rufen, »das ist unklug. Eine Frage des Gesprächspartners mit Gegenfragen zu kontern, wird doch nur als Ausweichmanöver empfunden, und das zu Recht.«

Ich bin anderer Meinung. Es ist geradezu strategisch klug und zielführend, mit Gegenfragen zu operieren. Denn so schaffen Sie von Anfang an für sich selbst und den Gesprächspartner klare Verhältnisse. Dies möchte ich anhand einiger Beispiele belegen.

Ich kehre zurück zum Anfang dieses Verbesserungsimpulses: Meine Antwort besteht oft in Gegenfragen: »Bevor ich Ihre Fragen beantworte, möchte ich Sie etwas fragen. Denn das spart uns Zeit, und ich kann direkt auf das eingehen, was Ihnen am Herzen liegt und unter den Nägeln brennt. Was also ist Ihnen wichtig an unserem Gespräch? Worauf legen Sie bei einem guten Coaching oder Training besonderen Wert? Und was möchten Sie an Ihrer momentanen Situation gerne verbessern?«

Wenn der Kunde darauf antwortet, erhalte ich Material und Hinweise, um wiederum auf seine Fragen konkreter eingehen zu können. Denn wenn er etwa sagt, er lege besonderen Wert auf den Umsetzungsaspekt, also die Umsetzung des neuen Know-hows an seinem Arbeitsplatz und die Integration der neuen Verhaltensweise in sein Verhaltensrepertoire, kann ich meine diesbezüglichen Kompetenzen und Qualifikationen hervorheben. Wir sprechen sofort über die entscheidenden Aspekte und sorgen für klare Fronten.

DIE QUALITÄT UNSERER FRAGEN BESTIMMT DIE QUALITÄT UNSERES LEBENS

Ich wende mithin einen rhetorischen Trick an – aber nicht, um den Kunden oder Gesprächspartner in die Falle zu locken, sondern um Hinweise von ihm zu erhalten, was ihm wirklich wichtig ist, und meine Antworten auf diese Themen abzustimmen.

Es kommt auch vor, dass der Kunde Anforderungen und Ziele nennt, die ich nicht befriedigen oder bei denen ich ihn nicht unterstützen kann. Aber selbst dann habe ich mit meinen Gegenfragen mein Ziel erreicht: Der Kunde und ich werden nun zu dem Schluss gelangen, dass wir nicht zueinander finden werden. Es ist für uns beide das Beste, die Geschäftsbeziehung nicht zu vertiefen oder abzubrechen.

CHANCE STATT CHANGE

Ich habe vor langer Zeit gelernt, dass die Qualität unserer Fragen die Qualität der Antworten, die wir erhalten, bestimmt. Noch nicht ganz so lange weiß ich, dass auch die Qualität unserer Gegenfragen die Qualität unserer Beziehung zu Gesprächspartnern, Kunden und auch Freunden bestimmt. Mittlerweile gehört für mich die Gegenfrage zu den – zugegebenermaßen – gewöhnungsbedürftigen Gewohnheiten, die ich gerne weiterentwickle, statt immer wieder neue Gewohnheiten aufzubauen und zu erlernen. Denn sie ist ein innovatives Instrument, um Sachverhalte und die Beziehung zu Gesprächspartnern zu klären. So ist es mir möglich, auf genau das zu reagieren, was dem Kunden wirklich wichtig ist. Ich muss mich nicht auf Vermutungen und das verlassen, was ich dem Kunden vielleicht nur unterstelle.

Die Gegenfragen-Strategie setze ich nicht nur im Kundengespräch ein. Ob Training, Coaching oder Privatgespräch: Immer wenn es darum geht, Klarheit in der Beziehung herzustellen, arbeite ich mit Gegenfragen – zum Beispiel:

- Wenn mich im Coaching ein Coachee fragt, was er tun soll, frage ich: »Was haben Sie denn in der Vergangenheit getan, wenn das Problem aufgetaucht ist? Welche Konsequenzen würde es nach sich ziehen, wenn Sie jetzt nichts tun, und wie würden Sie mit diesen Konsequenzen umgehen?«
- Wenn mich ein Mitarbeiter fragen würde, was er tun kann, um seine Leistungen zu optimieren und seine Ziele zu erreichen, würde ich ihn fragen: »Was wünschen Sie sich von mir, damit Sie Ihre Ziele erreichen können? Und mal angenommen, Sie erreichen Ihre Ziele: Was hätten Sie dann anders gemacht?«

- Und wenn mich meine Partnerin fragen würde, was zu tun ist, damit sich unsere Beziehung verbessert, würde ich diese Gegenfragen stellen: »Wie kann ich dich unterstützen, damit du glücklich oder zufrieden bist? Was kannst du selbst tun, damit es dir besser geht?«

Sie merken, die Fragen zielen immer wieder in dieselbe Richtung: Ziel ist es, dass der Gesprächspartner die Verantwortung für sein persönliches Glück selbst übernimmt.

11 DER MENSCH IST OKAY, DIE LEUTE SIND DAS PROBLEM

Kritik sollte nie die Veränderung zum Ziel haben, sondern immer eine Verbesserung. Denn die meisten Menschen reagieren allergisch darauf, wenn sie das Gefühl haben, man wolle sie verändern. Das möchten sie doch bitte schön gerne selbst entscheiden und übernehmen!

Leider wird Kritik meistens sehr kontraproduktiv geäußert: Ich erinnere mich an das Gespräch mit einem Möbelverkäufer aus dem Einrichtungshandel, der mir die folgende Geschichte erzählte:

»Als mein Verkaufsleiter eines Tages sehr unzufrieden mit mir war, hat er mich buchstäblich zur Rede gestellt, und das mitten im Möbelhaus, im Beisein von Kollegen und Kunden. ›Herr Merz, warum klappt das eigentlich nicht? Die anderen schaffen es doch auch und erreichen meine Zielvorgaben! Und wie oft muss ich Ihnen noch erklären, dass Sie sich an den Gesprächsleitfaden halten sollen, den wir nun schon hundert Mal einstudiert haben? ... Moment, hören Sie zu, jetzt rede ich: Permanent muss ich Sie kontrollieren, sonst läuft gar nichts! Da bekommen wir in den Seminaren immer gesagt, bei der Mitarbeiterführung müsse der Mensch im Mittelpunkt stehen – aber in Wirklichkeit stehen die Mitarbeiter nur im Weg! Sie sind das beste Beispiel dafür!‹«

Der Verkaufsleiter macht in dieser Situation alles falsch, was er bei der Führung seiner Verkäufer nur falsch machen kann: aggressiv vorgebrachte Kritik, die in der Gegenwart von Kollegen und Kunden geäußert wird; Kontrolle statt Vertrauen; er lässt Herrn Merz nicht zu Wort kommen und ihn den Sachverhalt aus seiner Perspektive schildern. Er nutzt seine Machtposition aus, um den Mitarbeiter zu disziplinieren. Er gibt seinen Verkäufern Ziele vor, statt sie gemeinsam mit ihnen zu formulieren oder zumindest ihre Zustimmung dafür einzuholen.

SAG MIR, WIE DU ÜBER DEINE MITARBEITER DENKST, UND ICH SAGE DIR, WIE DU FÜHRST

Das Schlimme dabei ist, dass der Verkäufer das Führungsverhalten seines Vorgesetzten mit hoher Wahrscheinlichkeit auf seine Kundengespräche übertragen und im Kundenkontakt ein Verhalten an den Tag legen wird, das der Kundenorientierung, dem Vertrauensaufbau und der Notwendigkeit, mit dem Kopf des Kunden zu denken, zuwiderläuft. Und tatsächlich – in meinem Gespräch mit dem Möbelverkäufer bestätigt Herr Merz, dass er oft Kundengespräche geführt hat, über die er jetzt im Nachhinein sagen muss, dass dabei alles im Mittelpunkt stand, nur nicht der Nutzen für den Kunden …

Bei meiner Arbeit als Coach und Trainer gehe ich bei den Themen »Mitarbeitermotivation und Mitarbeiterführung« oft so vor, dass ich die Führungskraft begleite und mir so ein eigenes Bild von der Situation verschaffe. Ich bitte die Führungskraft, mir einige ihrer Mitarbeiter vorzustellen, und beobachte dann sehr genau die Vorgehensweisen und Reaktionen. Nicht immer ist es so krass und eindeutig wie bei jenem Möbelverkäufer, aber oft stelle ich fest, dass es kaum eine Führungskraft gibt, die es versteht, Mitarbeiter produktiv und konstruktiv zu kritisieren. Die meisten verhalten sich wie die – sorry für das Klischee – Schwaben, für die gilt: »Nicht geschimpft ist schon genug gelobt!«

Ein Hotelmanager, der von mir gecoacht wurde, sagte zu seinen Mitarbeitern, wenn diese (aus seiner Sicht) endlich mal was richtig oder gar gut gemacht hatten:»Das geht doch noch besser!« Oder:»Dieses Mal haben Sie einfach Glück gehabt!«

CHANCE STATT CHANGE

Als mich jener Hotelmanager fragte, was er an seiner Mitarbeiterführung optimieren könne, sagte ich:»Meiner Meinung nach ist es wichtig, bei der Äußerung von Kritik jeden Versuch zu unterlassen, andere zu verändern. Das mögen die meisten nämlich gar nicht! Sie schalten dann erst recht auf Durchzug. Solange Ihre Kritik aber zielorientiert und auf Verbesserungen in der Zukunft ausgerichtet ist und das Selbstwertgefühl des Kritisierten wahrt, führt Kritik schnurstracks in die richtige Richtung.«

»Wie soll das denn gelingen?«, fragte mich der Hotelmanager weiter.»Konstruktive Kritikgespräche können Sie führen, wenn Sie das Konzept der typorientierten produktiven Kritik beachten. Was das genau heißt? Nun: Sie haben es zum Beispiel mit einem gewissenhaften Beziehungstyp zu tun. Solche Mitarbeiter nehmen Kritik oft persönlich und glauben, jetzt sei die Beziehung zwischen der Führungskraft und ihnen verdüstert. Dann sollten Sie Ihre Kritik sensibel und mit Fingerspitzengefühl formulieren. Schließlich wollen Sie mit Ihren kritischen Worten niemanden in die Demotivationsfalle stoßen. Im Gegenteil: Sie möchten Menschen dazu bewegen, von sich aus Fehlerquellen zu entdecken und auszumerzen. Dann kann das Kritikgespräch sogar Spaß machen – und zwar Ihren Mitarbeitern und Ihnen gleichermaßen!«

»Oder nehmen wir den zielorientierten Machttyp. Wenn dieser Mitarbeitertyp Ihre Kritik als ungerechtfertigt empfindet, reagiert er zuweilen aggressiv. Darum: Begründen Sie Ihre Kritik ausführlich, zeigen Sie ihm, welche Vorteile es für ihn hat, wenn er das kritisierte Verhalten nachhaltig abstellt.«

Der Hotelmanager verstand, worauf ich hinaus wollte. Wenn Kritik typorientiert und anlassbezogen geäußert wird, versteht der Kritisierte dies nicht als Versuch, ihn zu verbiegen, zu verändern oder zu einem anderen Menschen zu machen, sondern er spürt, dass es Ihnen darum geht, ihn dabei zu unterstützen, bessere Leistungen zu erbringen.

In dem Gespräch mit dem Hotelmanager fuhr ich schließlich folgendermaßen fort:»Ich empfehle Ihnen, Ihre Mitarbeiter auf keinen Fall über einen Kamm zu scheren. Nehmen Sie als Beispiel den analytischen Prinzipientyp: Er tendiert dazu, Ihre Kritik einer übergenauen Detailbeobachtung zu unterziehen, und beißt sich an Ihren kritischen Worten fest. Überlegen Sie, wie Sie ihn von der Konfliktanalyse zur Konfliktlösung führen können. Lassen Sie ihn bei der Konfliktlösung aber nicht allein, bieten Sie ihm Ihre Unterstützung an!«

»Und ganz gleich, mit welchem Mitarbeitertyp Sie ins Kritikgespräch einsteigen: Es sollte unter vier Augen stattfinden.« Dabei erinnerte ich mich an die Führungskraft des Möbelverkäufers, der seine unsachliche Kritik auch noch mitten auf der Ausstellungsfläche vorgebracht hatte.»Tragen Sie Ihre Kritik sachbezogen vor, beziehen Sie sich auf einen konkreten Anlass. Vermeiden Sie Angriffe auf die Person und dunkle Andeutungen. Zur Problemlösungsorientierung gelangen Sie am besten, wenn Sie fragend kritisieren. So nehmen Sie der Kritik die Schärfe. ›Sie sind unpünktlich! Das muss sich ändern!‹ – eine solche Formulierung ist schlecht. Besser ist: ›Was können wir tun, damit Sie in Zukunft pünktlich sind?‹ Ihr Mitarbeiter merkt: ›Der Chef zweifelt nicht an mir als Person, er will mir in der Sache helfen und mir zeigen, wie ich mich verbessern kann.‹ Er ist dann motiviert, das kritisierte Verhalten abzustellen und es beim nächsten Mal besser zu machen.«

12 ALLE MENSCHEN SIND KLUG - DIE EINEN VORHER, DIE ANDEREN NACHHER

Zehn Jahre lang war ich Führungskräftetrainer, Verkaufstrainer sowie Trainerausbilder bei einem stetig expandierenden Weiterbildungsinstitut. Das Konzept war einfach, klar und erfolgreich. Wir haben gute Verkäufer zu exzellenten Verkäufern gemacht und mit Führungskräften Methoden und Strategien trainiert, mit denen sie ihr Team mitarbeiterbezogen motivieren konnten, oft auch in Fällen, in denen gute Verkäufer auf Führungspositionen befördert wurden und jetzt relativ rasch neben ihrem Verkaufs-Know-how Führungswissen aufbauen mussten. Und als Trainerausbilder haben wir Verkäufer und Führungskräfte vor allem aus dem Vertrieb ausgebildet, die die Seiten wechseln und ihre Expertise nun ihrerseits als Trainer weitergeben wollten.

Um in einer spannenden und gelösten Atmosphäre arbeiten zu können, haben wir mehrmals im Jahr auf Mallorca trainiert. Diesmal startete ich von Berlin aus nach Mallorca. Bei einer Flughöhe von knapp 8.000 Metern gab es plötzlich einen lauten Knall, und das Flugzeug flog sehr unruhig. Sie können sich vorstellen, dass und wie sich die Stimmung von der einen auf die andere Sekunde verändert hat. Jedem der Passagiere war die Angst anzusehen. Ich dachte, dass ich doch noch so viel erleben wollte.

Kennen Sie das Gefühl, wenn man jetzt unbedingt überall sein möchte, nur nicht an dem Ort, an dem man sich gerade befindet? Genau dieses Gefühl hatte ich jetzt, und das zehnfach intensiver als je zuvor. Fast schon schmunzelnd dachte ich, es sei besser, auf dem Boden zu stehen und sich zu wünschen, man flöge, als zu fliegen und sich zu wünschen, auf dem Boden zu stehen. Nachdem es wieder etwas ruhiger zuging, meldete sich der Kapitän über die Lautsprecher: »Hallo, hier spricht Ihr Kapitän. Wie Sie gemerkt haben, sind wir gerade durch eine Gewitterfront geflogen. Ich hatte alle Hände voll zu tun, doch es gab keine Probleme, und jetzt ist wieder alles okay!« Als ich in die Augen meiner Nachbarn schaute, sah ich, dass der Schrecken noch tief saß und sich durch diese Ansage das Gefühl der Angst nicht nur bei mir nicht wirklich verflüchtigt hatte.

Eine Woche später saß ich nach einem inspirierenden Mallorca-Training wieder im Flugzeug auf dem Rückflug nach Berlin. Nur wenige der Passagiere, die auf dem Hinflug dabei waren, befanden sich auch jetzt an Bord. Wir rollten auf die Startbahn und warteten auf unsere Freigabe für den Flug. Und dieses Mal meldete sich der Kapitän bereits vor dem Start mit einer Wetter-Info: »Hallo, hier spricht Ihr Kapitän. Wir werden einen wunderbar sonnigen Flug nach Berlin haben. Doch vorher müssen wir durch eine Schlechtwetterfront. Es wird circa fünf Minuten lang ein bisschen ruckeln, aber dann haben wir bis nach Berlin schönes Wetter.«

WENN ES STÜRMT, KOMMT JEDE STURMWARNUNG ZU SPÄT Walter Ludin

Was ich jetzt erlebte, war im Vergleich zum Hinflug das vollkommene Gegenteil. Während das Flugzeug nicht gerade beruhigend ruhig durch die Gewitterfront flog, meinte ein Passagier: »Toll, jetzt erhalten wir umsonst eine entspannende Rückenmassage und werden so richtig durchgerüttelt.« Die Stimmung war viel entspannter, fast schon gelöst, auch bei den Passagieren, die eine Woche zuvor den Horrorflug miterlebt hatten und nun ganz genau wussten, was auf sie zukam. Auch ich fühlte mich viel wohler und hatte keine Angst. Diese Stimmung färbte anscheinend auf diejenigen ab, die letzte Woche nicht mit dabei waren.

»Was war passiert?«, fragte ich mich. Beim Hinflug hatte sich der Pilot nach dem Ereignis gemeldet, beim Rückflug schon vorher. Der Unterschied lag auf der Hand: Auf dem Rückflug konnte der Pilot proaktiv handeln. Er hatte uns informiert, bevor das Problem auftrat. Auf dem Hinflug hatte er sich erst nach der Schlechtwetterfront gemeldet, also nur auf eine Situation reagiert.

CHANCE STATT CHANGE

Leider erlebe ich dies auch oft in den Unternehmen, die ich betreue. Nicht selten lesen Mitarbeiter in der Presse, dass ihr Unternehmen ein schlechtes Ergebnis erwirtschaftet habe und eventuell eine Fusion oder der Verkauf der Firma anstehe. Oder es ist vom Stellenabbau die Rede. Manchmal erhalten Verkäufer eine unerfreuliche Nachricht über den eigenen Arbeitgeber sogar aus dem Mund des Kunden! Das kann und darf nicht sein. Eine intransparente Informations- und Kommunikationspolitik zählt zu den größten Motivationskillern und zu den Verursachern von Unsicherheitswellen, durch die die Mitarbeiter unbarmherzig in den Demotivationsstrudel gerissen werden.

Ob es sich nun um eine Veränderung, eine Anpassung oder den Aufbau neuer Gewohnheiten handelt: Die Verantwortlichen stehen in der Pflicht, die Mitarbeiter bei diesem Prozess mitzunehmen, sie rechtzeitig und frühzeitig zu informieren und mit ihnen zu diskutieren, um sie so zu motivieren, notwendige Anpassungen und auch Veränderungen mitzutragen. Eine proaktive und transparente Informations- und Kommunikationspolitik, mit der die Betroffenen, also die Mitarbeiter, stets auf den neuesten Stand der Dinge gebracht werden, ist also unerlässlich.

Es ist entscheidend, dass die Mitarbeiter am Ende eines Anpassungs- oder Veränderungsprozesses nicht sagen: »Wir wurden verändert« und »Wir mussten neue Gewohnheiten aufbauen« und »Wir wurden angepasst«, sondern: »Wir haben uns verbessert!« und »Wir haben neue Gewohnheiten aufgebaut« und »Wir haben uns angepasst«. Den Mitarbeitern sollte nichts verordnet oder gar aufgezwungen werden. Besser ist es, mit Offenheit und Transparenz zu kommunizieren und als Kapitän frühzeitig auf die Schlechtwetterfront hinzuweisen.

MAN MUSS SCHON VERDAMMT MITTELMÄSSIG SEIN, UM KEINE NEIDER ZU HABEN

Ich bin in Heidelberg geboren, dort bin ich aufgewachsen, hier habe ich auch immer wieder gewohnt. Zwischendurch aber bin ich immer viel unterwegs gewesen, in Deutschland, in der Schweiz, in Österreich und auf Mallorca. Das sind oft die Orte, an denen auch meine Familie lebt oder sich meine Freunde und Kunden aufhalten.

Häufig denke ich darüber nach, warum das eigentlich so ist. Warum ich nicht wie viele andere Menschen, die ich unterwegs kennenlerne, an ein und demselben Ort meinen Lebensmittelpunkt habe. Einen Ort, an den ich jeden Abend zurückkehre und nach Hause komme, um abends noch etwas Zeit mit meiner Familie oder mit unseren Freunden zu verbringen oder um etwas mit ihnen zu unternehmen. Wie kommt es, dass die Menschen, die ich so schätze und liebe und die ich gerne öfters sehen würde, so verstreut leben? Wo kommt sie her, diese Unrast?

NEIDER SIND AUCH NUR FANS!

Heute kenne ich die Antwort: Es ist nicht mein Job als Berater, Trainer und Coach, der mich nicht von einem Ort aus oder in der näheren Umgebung arbeiten lässt. Natürlich – dieser Beruf zwingt einen geradezu, jeden Tag woanders zu sein, in einem anderen Hotel, an einem anderen Seminar- oder Unternehmensort. Und auch wenn ich mit dem Coaching-Mobil unterwegs bin, wechsle ich ständig den Standort. Übrigens: Was es mit dem 5-Tonnen-Fahrzeug, meinem Coaching-Mobil, auf sich hat, erfahren Sie später noch.

Zurück zu jener Unrast: Es ist auch nicht so, dass ich meine Heimat nicht mag oder nicht gerne zu Hause bin. Im Gegenteil: Oft vermisse ich die Menschen und die gewohnte Umgebung, die alltäglichen Routinen, die mir helfen, meine Erfolgsrituale und Erfolgsgewohnheiten zu pflegen und weiter auszubauen. Nein, der tiefere und eigentliche Grund für jene Unrast ist mein großer Wunsch nach ständiger Weiterentwicklung. Der Ortswechsel, das häufige Kennenlernen anderer Menschen im beruflichen, aber auch im privaten Bereich – all dies ist auf mein inneres Bedürfnis zurückzuführen, mich in und durch die Begegnung mit anderen Menschen und neuen, auch örtlichen Gegebenheiten weiterzuentwickeln. Man könnte es auch den Drang nach Verbesserung nennen.

Dieser Drang nach Verbesserung hat mir aber nicht nur Freude und Freunde gebracht, die es zu schätzen wussten, dass ich immer weiter voranschreiten wollte und bei der Erreichung eines Ziels schon das nächste im Visier hatte. Einige Menschen, die mich auf meinen verschiedenen Entwicklungsetappen begleitet haben, haben mich mit einem üblen Gefühl konfrontiert, dem Neid.

Neid – das ist das schlechte Gefühl, das jemand hat, wenn andere etwas haben, das dieser Jemand selbst gerne hätte, aber nicht hat. Als ich mich zum Beispiel entschloss, nach meiner Zimmermannslehre bei einer Versicherung zu arbeiten, waren Bekannte und sogenannte Freunde aus meinem persönlichen Umfeld nicht davon überzeugt, dass ich das könnte. Viele waren überrascht, dass ich eine Ausbildung durchgezogen hatte, nur um jetzt erfolgreich Versicherungen und Finanzprodukte zu verkaufen. Es blieb bei der Überraschung, ihr Vertrauen jedenfalls schenkten sie mir nicht. Bei einigen hatte ich das Gefühl, dass sie mich in die Schublade »Handwerksgeselle« gesteckt hatten und es aus ihrer Sicht für mich kein Entkommen daraus gab. Einmal Handwerker, immer Handwerker. »Da kann man sich doch nicht einfach mit etwas so Kompliziertem wie Versicherungen beschäftigen! Schuster, bleib bei deinen Leisten!« – War da Neid mit im Spiel? Meine Motivation aber war, dass ich den Wechsel als Verbesserung empfand.

Jene Menschen sprachen hinter meinem Rücken schlecht über mich:»Das wird nicht lange gutgehen!« Später stellte ich durch Gespräche fest, dass da tatsächlich der Neidhammel am Werk war.

Nach sieben Jahren Verkaufserfahrung in der Versicherungsbranche musste ich auch hier leider feststellen, dass viele meiner Kollegen, Bekannten und sogenannten Freunde nicht mit meiner Entwicklung zum und als Verkaufstrainer einverstanden waren. Auch hier stellte ich fest, dass ich mir den Neid redlich verdient hatte. Bei meinem Wechsel in die Selbstständigkeit verhielt es sich nicht anders. Und kaum hatte ich mein erstes Buch veröffentlicht, wurde mir – nie direkt, immer nur über andere – zugetragen, was so mancher aus Neid sagte:»Was, der ist jetzt auch noch Autor und schreibt Bücher? Was bildet der sich nur ein? Jetzt kann wohl jeder Bücher schreiben! Das wird nichts!«

Zum Glück habe ich schon lange aufgehört, darauf zu achten, was andere Menschen meinen und dazu sagen, wenn ich mich weiterentwickle. Meistens haben sich diese Menschen selbst kaum weiterentwickelt. Das ist ihr gutes Recht, aber das ist kein Grund, auf meinen Drang zur kontinuierlichen Weiterentwicklung meiner Persönlichkeit und meiner Kompetenzen neidisch zu sein.

CHANCE STATT CHANGE

Heute werde ich fast schon misstrauisch, wenn ich mich verbessere, und niemand ist neidisch! – Spaß beiseite. Heute weiß ich: Der Neid meiner Mitmenschen zeigt mir vor allem, dass ich auf der richtigen Spur bin. Mein Streben nach Weiterentwicklung und Verbesserung macht mich glücklich und erfolgreich. Oft beobachte ich bei meinen Neidern – ich nenne sie nun Fans –, dass sie noch immer das Gleiche sagen, tun und sind wie vor Jahren. Es gab Veränderungen, ja, aber keine Verbesserung. Die Veränderungen haben zur Stagnation geführt.

Bitte verstehen Sie mich nicht falsch: Ich gestehe es jedem zu, dass er meinen Weg nicht für den richtigen hält. Dann aber soll er sich auf sich konzentrieren, und nicht an anderen herummäkeln und andere schlechtmachen. Wir brauchen keine Nörgler, Meckerer und Stichler. Diese Leute mögen sich aber dann nicht beschweren, wenn sich bei ihnen nichts verbessert.

Auch bei meinen Kunden kann ich immer wieder beobachten, wie sich einige Mitarbeiter nicht wirklich weiterentwickeln können – und auch nicht wollen. Wenn dann andere an ihnen vorbeiziehen, setzt oft Verbitterung ein: »Warum der und nicht ich?« Es liegt oft daran, dass die Menschen nicht bereit sind, sich weiterzuentwickeln. Ich empfehle meinen Kunden – und mache das oft auch im Freundeskreis, also im privaten Umfeld –, einen regelmäßigen Kompetenz-Check durchzuführen.

Der Check hilft, bezüglich der Fähigkeiten, die ein Mensch, eine Führungskraft oder ein Mitarbeiter benötigt, um seinen Verantwortungsbereich und seine Tätigkeitsfelder eigenverantwortlich ausfüllen zu können, sogenannte Kompetenzlücken oder Kompetenzgaps festzustellen. Die Lücken zwischen notwendigen Kompetenzen, Fähigkeiten und Fertigkeiten und tatsächlich vorhandenen Kompetenzen, Fähigkeiten und Fertigkeiten lassen sich dann durch geeignete und punktgenaue Weiterbildungs- und Weiterentwicklungsmaßnahmen nach und nach schließen.

Ich selbst jedenfalls führe solch einen Kompetenz-Check regelmäßig durch, um schließlich weitere Verbesserungen in Angriff nehmen zu können. Dabei versuche ich, öfter einmal etwas Neues zu wagen – mit dem Risiko, dass es auch mal schief geht und ich stürze. Dann heißt es: »aufstehen, Staub von der Hose abklopfen, mich fragen, was ich dabei gelernt habe – und neuer Versuch!«

Und dann freue ich mich, wenn mein Neid-Fanklub neue Mitglieder bekommt.

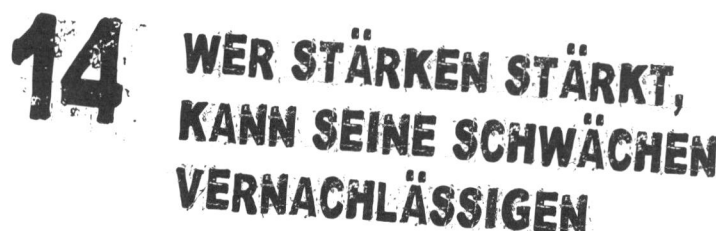

14. WER STÄRKEN STÄRKT, KANN SEINE SCHWÄCHEN VERNACHLÄSSIGEN

Bei knapp 90 Prozent meiner Trainings- und Coachingaufträge geht es darum, dass Kunden auf mich zukommen und mich fragen, ob ich ihnen helfen kann, an ihren Schwächen zu arbeiten: Schwächen im Verkauf, Schwächen in der Kommunikation, Schwächen in der teamorientierten Zusammenarbeit sowie Führungsschwächen. Ich erinnere mich an einen heißen Sommertag in Frankfurt. Ich bin im obersten Stockwerk des Main Towers angekommen – der Main Tower ist Frankfurts höchster Aussichtspunkt. Ich schaue aus einem der Fenster – ein wahrhaft atemberaubender Blick, der mich voller Glücksgefühle zurücklässt.

WER STÄRKEN IN SCHWÄCHEN UMZUWANDELN VERSUCHT, KANN AUCH GLEICH VERSUCHEN, BEI SEINEM FITNESS-WORK-OUT FETT IN MUSKELMASSE UMZUWANDELN

In diesem Moment freue ich mich über die schönen Momente, die sich in meinem Job immer wieder ergeben. Doch die gleichzeitige Anspannung, die vor dem wichtigen Kundengespräch langsam in mir hochsteigt, deutet auf meine bevorstehende zweistündige Präsentation hin. Jene Anspannung wird durch die Tatsache gesteigert, dass zwei Wettbewerber ebenfalls auf ihre Präsentationstermine warten. Die beiden Kollegen und ich werden also um den Kundenauftrag kämpfen – es geht hier fast so zu wie bei *Deutschland sucht den Superstar*. Einen Moment lang frage ich mich, warum ich mich darauf eingelassen habe.

Schließlich stehe ich vor einer zwölfköpfigen Jury, die von einem Kunden eines großen Finanzunternehmens zusammengestellt worden ist. Rückblickend betrachtet eine nicht seltene Situation. Doch für mich ist dies die erste Präsentation dieser Art.

Auch diese Jury ist auf Schwächenbearbeitung fixiert. Sie wollen wissen, welche Strategien, Methoden und Techniken ich einsetzen werde, um die Schwächen der Firma und vor allem der Mitarbeiter auszumerzen. Umso erstaunter und überraschter reagieren die Juryteilnehmer(innen), als ich ihnen erkläre, dass es mir nicht um die Schwächen ihrer Mitarbeiter geht. »Meine Coachings und Trainings fokussieren sich auf die Stärken Ihrer Mitarbeiter und Ihres Unternehmens! Wenn wir ein Stärkentraining und -coaching durchführen, erzielen wir sofort messbar mehr Erfolg. Das wird sich auch in der Motivation jedes einzelnen Teilnehmers widerspiegeln und führt zu nachhaltigen Verhaltensverbesserungen.«

Ich möchte Sie nicht mit den weiteren Einzelheiten langweilen. Entscheidend war meine Aussage, dass wir natürlich unsere Schwächen kennen müssen, aber vor allem ein aktives Stärkenmanagement betreiben sollten. Wir sollten uns auf unsere Wertvorstellungen, Überzeugungen und Stärken konzentrieren, um zu Verbesserungen zu gelangen, die über den Tag hinausreichen.

Der Kunde traf dann eine unglaublich innovative Entscheidung, die ich so nicht erwartet hatte. Er entschied sich für ein zwölfmonatiges Pilotprojekt, bei dem alle drei Trainer(!) ihre unterschiedlichen Konzepte mit jeweils unterschiedlichen Mitarbeitergruppen realisieren konnten. Nach zwölf Monaten bekam ich aufgrund der messbar größten Erfolge den alleinigen Auftrag.

Es war für mich ein unbeschreibliches Gefühl, zu sehen, wie jeder einzelne Teilnehmer seine Stärken zu Erfolgsgewohnheiten ausbaute. Da die Trainingsergebnisse vergleichbar waren, konnte ich den Beweis antreten, dass die Stärkenfokussierung für das Kundenunternehmen zu besseren und nachhaltigeren Ergebnissen führte als die Fokussierung auf die Schwächen. Ich möchte es auf den Punkt bringen: Das von mir favorisierte Stärkenmanagement schlug die Vorgehensweisen, die eher auf die Schwächenbearbeitung setzten.

Es ist weniger effizient und erfordert einen längeren Prozess, an den Schwächen zu arbeiten und diesbezüglich zu einer Veränderung zu gelangen, als ein Stärkenmanagement zu entwickeln und Verbesserungen anzustreben.

CHANCE STATT CHANGE

Nicht erst seit dem Erlebnis im Frankfurter Main Tower weiß ich, wie wichtig es ist, Menschen und Unternehmen davon zu überzeugen, wie erfolgsentscheidend es ist, ein Hoch auf das Stärkenmanagement und die Fokussierung auf die Stärken auszurufen. Stärkenfokussierung führt meiner Erfahrung nach zu direkten Verbesserungen, die sich zudem relativ rasch umsetzen lassen. Schwächenbearbeitung hingegen dauert länger und lenkt die Aufmerksamkeit der Menschen immer wieder auf das, was bei ihnen nicht so gut funktioniert, eben auf ihre Schwächen und Fehler. Stärkenmanagement heißt, bewusst auf seine Top-Fähigkeiten zu setzen, um sich erst kleinere, dann größere Erfolgserlebnisse zu verschaffen. Für mich selbst ist ein elementarer Aspekt des Stärkenmanagements der Schreibprozess. Dazu eignet sich zum Beispiel das Führen eines Tagebuches. Oder das Bücherschreiben! Im Schreibprozess halte ich mir das Erreichte wie einen Spiegel vor und objektiviere es auf diese Weise. Und so kann ich mich auch für meine Erfolge und meine Stärken loben.

Das Tagebuch oder das Schreiben dient jedoch nicht allein dem Erfolgsnachweis. Es ist das Medium, in dem ich mich mit mir selbst auseinandersetze, mit meinen Gefühlen, Handlungen, Denkweisen, Gewohnheiten, Träumen und Erlebnissen – und zwar durchaus selbstkritisch. Denn hier kann ich mich auch mit meinen Fehlern beschäftigen. Wichtig ist nur immer, dann wieder zu den Stärken zurückzukehren.

15. NIMM DIE MENSCHEN, WIE SIE SIND - ANDERE GIBT ES NICHT!

Vor über zehn Jahren haben Thomas und ich uns das letzte Mal gesehen. Damals war er Vertriebsmitarbeiter und Teilnehmer eines Salestrainings, das ich für einen Kunden aus der Automobilzuliefererbranche durchgeführt habe. Mittlerweile ist Thomas sechsunddreißig Jahre jung und lebt in Hamburg. Er ist immer noch bei demselben Unternehmen beschäftigt. Wir haben uns beide unheimlich gefreut, als wir uns auf einer Messe zufällig wiedertrafen und uns bei einem gemeinsamen Abendessen erzählen durften, was zwischenzeitlich alles passiert ist.

Wir verabreden uns zum asiatischen Essen. Weil Thomas für seine Firma über fünf Jahre lang in China gearbeitet hat, hat er sich zu einem Experten für chinesische Küche entwickelt. In jedem guten chinesischen Restaurant ist die Pekingsuppe der ganze Stolz des Küchenchefs, sie verrät dem Gast sofort, wie es um die kulinarische Qualität bestellt ist. Seitdem bestelle ich in einem chinesischen Restaurant immer erst einmal die Pekingsuppe. Wir befinden uns in der HafenCity, dem neuen Stadtteil von Hamburg. Hier hat nach einer kleinen und nicht nennenswerten Verzögerung mit minimalen Mehrkosten

> WER ANDEREN HILFT, SICH ZU VERBESSERN, MUSS NIEMANDEN ZWINGEN, SICH ZU VERÄNDERN

die Elbphilharmonie ihre Pforten geöffnet. Dies allein sorgt schon für eine Touristik-Flut. In den nächsten Jahren soll sich hier noch einiges tun – die HafenCity gehört zu den größten innerstädtischen Stadtentwicklungsprojekten in Europa.

Wir kommen auf mein Buch, das ich gerade schreibe, zu sprechen, worauf er mir von seiner neuen Herausforderung berichtet. Thomas ist jetzt als Führungskraft tätig und traf gleich am ersten Tag in seiner neuen Aufgabe auf einen alten Kollegen, den wir beide gut kennen. Diesem fällt es nicht leicht, zu akzeptieren, dass Thomas jetzt den Job hat, auf den er selbst spekuliert hatte. Aber das ist noch nicht alles: Thomas ist jetzt auch noch sein Vorgesetzter! Das vereinfacht die Situation nicht gerade, zumal der Mitarbeiter – nennen wir ihn Hermann Müller – zu den dominanten roten Typen gehört, der die Fäden gerne selbst in der Hand hält und dem es schwerfällt, sich unterzuordnen.

In einem Gespräch mit einem seiner Vorgesetzten hatte dieser Thomas klargemacht, dass jener Mitarbeiter nicht aufsteigen würde – dazu würde dessen Performance einfach nicht ausreichen. Durch seinen Umgang mit Kunden und Mitarbeitern hatte er in der Vergangenheit viel Porzellan zerschlagen.

Thomas stand nun vor der Entscheidung, den Mitarbeiter zu entlassen – und es gab niemanden in seinem Unternehmen, den diese Reaktion erstaunt hätte. Im Gegenteil: Die meisten Menschen in Thomas Umfeld hatten diese Reaktion erwartet und für eine Selbstverständlichkeit gehalten.

Thomas hätte den Mitarbeiter also einfach austauschen können. Er entschied sich aber für die Alternative: das Gespräch mit Hermann Müller zu suchen und ihn mit ins Boot zu holen. Sein Plan: Er wollte ihn nach dem Motto »Fordern und fördern« in einem Personalgespräch die Ziele erläutern, die er auf seiner neuen Position verfolgen wollte, und ihn auffordern, ihn, Thomas, dabei zu unterstützen. »Ich habe mich seiner absoluten Loyalität versichert und ihm angeboten, ich würde ihn dann auch bei der Erreichung seiner Ziele unterstützen und ihm helfen, wenn er einmal in einer Sackgasse stecken würde«, so Thomas bei unserem gemeinsamen Abendessen. »Meine Bedingung: ›Du stehst hinter mir, ich kann mich auf dich verlassen.‹«

CHANCE STATT CHANGE

Thomas hätte den Weg des geringsten Widerstandes einschlagen und den Mitarbeiter leicht ersetzen können. »Ich habe ihm aber deutlich gemacht, dass ich seine Schwächen kenne, ich mich aber nicht von ihm trennen, sondern geeignete Maßnahmen ergreifen wolle, um ihm durch meine Unterstützung und Förderung zu einer besseren Performance zu verhelfen – Verbesserung statt Veränderung.«

Wer anderen hilft, sich zu verbessern, braucht keine Veränderung für sie anzustreben. Das heißt: Zuweilen hilft es nicht weiter, auf die Veränderung eines Mitarbeiters zu drängen, sondern man muss ihm mit konkreten Maßnahmen und Aktivitäten dabei helfen, sich zu verbessern.

Mir fiel auf, dass Thomas den dominanten Mitarbeiter vor allem fördern würde – wie aber sah es mit dem Fordern aus? Thomas hatte auch daran gedacht: »Ich habe die Bedingung gestellt, dass Hermann Müller ein begleitendes Coaching durch einen externen Coach absolvieren sollte, um seine sozialen Kompetenzen zu verbessern.« Er sollte sich den Coach selbst aussuchen – Thomas hat eine Vorauswahl getroffen und vier Coaches benannt, der Mitarbeiter hat sich für einen Coach entschieden.

Übrigens: Thomas hat ganz bewusst nicht mich selbst als Coach ins Spiel gebracht, um nicht den Eindruck zu erwecken, er wolle Hermann Müller über diesen Umweg beeinflussen.

Thomas wollte nicht nur den Menschen austauschen, sondern eine wirkliche Verbesserung erreichen. Mittlerweile ist ein halbes Jahr vergangen, Thomas ist froh über die Entwicklung des Mitarbeiters. Er fühlt sich darin bestätigt, dass es erfolgreicher ist, eine direkte Verbesserung durch konkrete Aktivitäten anzugehen, als durch eine bloße Veränderung auf Verbesserungen zu hoffen.

16 WER SICH VON UNNÖTIGEM BALLAST TRENNT, HAT ES LEICHTER

Es ist noch gar nicht so lange her, dass ich zusammen mit meinen Söhnen auf den Speicher geklettert bin, um dort mal so richtig auszumisten und aufzuräumen. Es ist wichtig, mehr Raum für das Wesentliche zu schaffen und ab und zu für Ordnung zu sorgen. Es ist wie bei einem Kleiderschrank: Wir stehen davor und überlegen, welche Klamotten ausrangiert werden sollen, um Platz zu schaffen für den neuen Wintermantel oder die kultige Sommermode.

Bei unserer Entrümpelungsaktion auf dem Speicher entdeckt mein Sohn Nico jedenfalls einen Zieleplaner, den ich vor fast zwanzig Jahren mit Kollegen entwickelt habe. Damals arbeitete ich bei einem Weiterbildungsinstitut – der Zieleplaner sollte unseren Kunden helfen, sich ihrer Ziele bezüglich der wichtigsten Lebensbereiche bewusst zu werden. Zum Beispiel Privatleben/ Familie/Partnerschaft/Freunde, Beruf/Karriere/Erfolg, Gesundheit/Fitness/ Erholung/Entspannung, Lebenssinn/Erfüllung oder Persönlichkeit/Spiritualität/Selbstverwirklichung.

Ich blättere also ein wenig in dem Zieleplaner, vergesse fast die eigentliche Speicheraufgabe, das Entrümpeln. Erstaunlich – schon damals war die Rede von der Verlangsamung der Zeit, den Roman *Die Entdeckung der Langsamkeit* von Sten Nadolny entdecken wir auch auf dem Speicher. Entschleunigung, die Notwendigkeit, sich auf das Wesentliche zu konzentrieren, langsamer zu gehen, um schneller am Ziel anzukommen – das Rad wird tatsächlich nicht jeden Tag neu erfunden.

In dem Zieleplaner ist auch die Rede vom Pareto-Prinzip, das auf einen Grundsatz des Volkswirtschaftlers Vilfredo Pareto (1848–1923) zurückgeht. Die 80:20-Regel besagt: 80 Prozent unserer Ergebnisse können wir mit

20 Prozent des Aufwandes erreichen. Die Herausforderung besteht darin, jene 20 Prozent einzusetzen, um einen Großteil des Erfolgs und der erwünschten oder angestrebten Ergebnisse zu erzielen.

CHANCE STATT CHANGE

Also setze ich mich nach der Aufräum- und Entrümpelungsaktion auf dem Speicher an meinen Laptop und überlege: Welche Vorteile haben das Weglassen, das Wegwerfen, das Befreien von überflüssigen Altlasten und anderem Ballast? Und wieder mein Lieblingsthema: Bevor ich die große Veränderungskeule schwinge und ambitionierte Changeprozesse plane und durchführe: Ist es nicht effektiver, sich erst einmal von allem Überflüssigen zu befreien? Und was bedeutet das ganz konkret für unsere verschiedenen Lebensbereiche?

Grundsatz sollte sein: Trenne das Wichtige vom Unwichtigen, das Notwendige vom Überflüssigen, das Dringliche von dem, das warten kann. Natürlich ist der Haken bei der Sache die Beantwortung der Frage, wie sich das eine vom anderen unterscheiden lässt. Dazu gehören eine gewaltige Portion Weisheit und Klugheit und vor allem Ziele, an denen sich messen und prüfen lässt, was mir im Moment wichtig und was mir weniger wichtig ist. Meine Ziele sind die Richtschnur, an der ich messen kann, wie es mir gelingt, mit 20 Prozent der strategisch richtig eingesetzten Zeit und Kraft 80 Prozent der Ergebnisse zu erzielen.

Mit diesen Prinzipien lässt sich im Bereich Beruf/Karriere/Erfolg schon gut die Spreu vom Weizen trennen: berufliche Lebensziele – Jahresziele – Monatsziele – Wochenziele – Tagesziele: Wenn ich mit dem berühmt-berüchtigten Herunterbrechen Ziel für Ziel entscheide, wie ich es realisieren will, gelingt die Konzentration auf das Wesentliche zwar nicht immer, aber immer öfter.

Bei dem Lebensbereich Privatleben/Familie/Partnerschaft/Freunde hilft vielleicht das Horst-Lichter-Prinzip weiter: Dessen neuestes Buch heißt *Keine Zeit für Arschlöcher ... hör auf dein Herz*. Dort beschließt der Hotte in einer lebensentscheidenden Situation, keine Lebenszeit mehr damit zu verschwenden, sich mit unbekömmlichen Zeitgenossen zu beschäftigen.

DIE KUNST EINES ERFÜLLTEN LEBENS IST DIE KUNST DES LASSENS: ZULASSEN - WEGLASSEN - LOSLASSEN
Ernst Ferstl

Ich überlege: Ja, die Lebenszeit, die mir noch verbleibt, ist zu kostbar, als dass ich sie Menschen opfern will, die mir schaden. Warum soll ich Lebenszeit verschenken, indem ich mich mit Menschen beschäftige und umgebe, die mich herunterziehen, meine Energie rauben und mich demotivieren? Warum soll ich Zeit im Internet verbringen und mich mit Shitstorms auseinandersetzen? Weg also mit nervigen Energieräubern und Motivationskillern. Lieber verwende ich die gewonnene Zeit dafür, etwas für meine Gesundheit zu tun, mich mit Menschen zu treffen, die zu meiner Weiterentwicklung beitragen und die ich bei ihrer Weiterentwicklung unterstützen kann.

Wegschmeißen statt verändern. Es geht um sehr konkrete Dinge: aufräumen, ausräumen, Papiere, Kleider und Unterlagen wegwerfen, Abonnements kündigen, das Ablagesystem in Büro und Gehirn ordnen. Aber auch um Grundlegendes wie sozialen Ballast: Wie, womit und mit wem will ich den Rest meines Lebens verbringen?

JE MEHR DU EINEN GEDANKEN AUS DEM KOPF BEKOMMEN WILLST, UMSO HARTNÄCKIGER QUÄLT ER DICH

Da ist sie – die Auftragsbestätigung für die zweiwöchige Ayurveda-Pancha-karma-Kur. Vierzehn Tage lang ayurvedische Vollpension und ayurvedische Getränke, mehrere Begegnungen mit einem Ayurveda-Spezialisten und jede Menge Ayurveda-Anwendungen. Ich freue mich auf Entspannung, Entgiftung, Reinigung. Na gut, an die Darmreinigung und die Einläufe denke ich nicht ganz so gerne ...

Während ich über die Autobahn in Richtung Ayurveda-Hotel brause, läuft der aktuelle Hit der Gruppe Coldplay im Radio, *Adventure of a Lifetime*. Danach bringt SWR3 ein Interview mit dem Frontmann und Sänger der Band, Chris Martin. Interessant: Er berichtet von einer Methode namens »Purge Emotional Writing«. Sogar Albert Einstein soll sie genutzt haben, um sich von überflüssigem und blockierendem Gedankenmüll zu befreien und entspannter mit anderen Menschen umgehen zu können. Das Vorgehen: Chris Martin – und der Nobelpreisträger hat es so ähnlich gemacht – schreibt zwölf Minuten lang alles auf einen weißen Zettel, was ihn unheimlich nervt und irre macht. Oft lässt er dabei auch so richtige Schimpfkanonaden los – Hauptsache, alles kommt raus! Danach zerreißt er das Papier und verbrennt die Fetzen. Das helfe ihm, kreativ zu sein und Stress abzubauen, so der Coldplay-Sänger.

> **HEITERKEIT ÜBERWINDET SORGEN IM STURM**
>
> Alfred Selacher

Ich befinde mich auf dem Weg zu einer körperlichen Säuberung und Reinigung – aber Chris Martin hat mir nun einen wichtigen Hinweis gegeben, wie es mir gelingt, auch meine Gedanken zu reinigen, mich von mentalem Ballast zu befreien und Ordnung in mein Oberstübchen und Kreativitätszentrum zu bringen.

CHANCE STATT CHANGE

In Change Fuck 16 war die Rede vom Horst-Lichter-Prinzip »Keine Zeit für Arschlöcher«. Es ist kontraproduktiv, sich mit Menschen abzugeben, die mich nur blockieren und in meiner Weiterentwicklung hemmen. Trennen, ausmisten und wegwerfen statt verändern, so die Devise. Dasselbe gilt auch für unsere Ideen, Gedanken, Überlegungen, Überzeugungen, Glaubenssätze und Einstellungen. Weg mit dem mentalen Krempel! Aufschreiben, sich verabschieden, Notizzettel zerreißen, verbrennen. Es genügt nicht, sich gedanklich zu verabschieden, dies muss auch physisch geschehen. Darum werden die blockierenden Gedanken notiert und in der Restgedankenmülltonne entsorgt.

Die Gedanken-Hygiene hilft mir seitdem, mein Gedächtnis nicht zu überfrachten, mich auf das Wesentliche zu konzentrieren und mich von Gedanken-Krempel, den ich einfach nicht mehr benötige, zu trennen. Manchmal bin ich froh, über kein fotografisches Gedächtnis zu verfügen. Es muss oft schrecklich sein, bestimmte Dinge nicht vergessen und sich nicht von ihnen verabschieden zu können.

Es lohnt sich auch nicht, sich länger als notwendig mit Dingen und Sorgen zu beschäftigen. Und es ist ein Rückschritt, über Befürchtungen nachzudenken, die noch gar nicht eingetroffen sind und die mit einiger Wahrscheinlichkeit auch nie eintreten werden. Winston Churchill soll gesagt haben: »Wenn ich auf all diese Sorgen zurückblicke, fällt mir die Geschichte des alten Mannes ein, der auf seinem Sterbebett sagte, dass er viele Probleme in seinem Leben gehabt habe, von denen die meisten niemals eingetreten waren.«

CHANGE FUCK

FEEL

KURZ MAL NICHT NACHGEDACHT - ZACK - GLÜCKLICH

18. BRAVE MENSCHEN KOMMEN IN DEN HIMMEL - QUERDENKER ÜBERALL HIN

Wenn ich in meine Kundenunternehmen hineingehe, ist dort oft die Erwartungshaltung:»Endlich jemand, der uns jetzt sagt, wie wir den Turnaround schaffen. Wie es uns gelingt, das Steuer herumzureißen und den Absturz zu verhindern.« Ich entgegne dann:»Es geht nicht darum, einen Schritt vorwärtszukommen, denn der Schritt nach vorne führt in den Abgrund. Überlegt besser, wie ihr noch rechtzeitig umkehren könnt!«

Entdecken Sie den Rebell in sich, seien Sie unangepasst, neugierig und anders, wenn es notwendig ist. Bedienen Sie nie die Norm! Denn wer immer nur die eingefahrenen Hauptwege beschreitet, gelangt dahin, wo sich alle aufhalten, wo sich die Masse versammelt, wo jeder hin möchte. Allerdings: Wenn alle anders und unangepasst sind, ist der Angepasste der einäugige König unter den Blinden. Rebellentum um jeden Preis ist wiederum nur Angepasstheit.

WENN DU EIN PROBLEM NICHT LÖSEN KANNST, LIEGT ES DARAN, DASS DU DICH AN DIE REGELN HÄLTST Paul Arden

Trotzdem: Wer brav und folgsam dem Massengeschmack hinterherläuft und so denkt, handelt und sich verhält wie alle anderen, mag zwar in den Himmel kommen, weil sein angepasstes Denken, Handeln und Verhalten von allen akzeptiert wird und dem entspricht, was alle erwarten. Aber Rebellen kommen nicht nur in den Himmel, sondern überall hin! Rebellen sagen Ja zum Nein und verweigern sich, wenn alle Hurra schreien. »Ein Nein aus tiefster Überzeugung ist besser und größer als ein Ja, das nur gesagt wird, um zu gefallen oder um Schwierigkeiten zu vermeiden«, hat Mahatma Gandhi einst gesagt. Im Businessbereich gilt das Ja zum Veränderungsprozess als ultimative Methode, um erfolgreich zu sein.

CHANCE STATT CHANGE

Dies soll kein Aufruf zur Verweigerung jeglicher Veränderung sein. Denn umgekehrt gilt auch: Ein Ja aus tiefster Überzeugung ist besser und größer als ein Nein, das nur gesagt wird, um zu gefallen oder um Schwierigkeiten zu vermeiden. Aber dies soll doch der vorsichtige Hinweis sein, dass es richtig sein kann, sich dem Massengeschmack zu verweigern, ihn zu hinterfragen und zu reflektieren, ob es richtig ist, das zu sagen und das zu tun, was alle sagen und tun.

19 OHNE SPASS KEIN FUN

Ach, wie herrlich: Ich sitze in meinem Coaching-Mobil und bin unterwegs zu meinem nächsten Kunden. Bei dem Mobil handelt es sich um ein 5-Tonnen-Fahrzeug, fast neun Meter lang, über zwei Meter breit, fast zwei Meter Stehhöhe, ausgestattet mit der neuesten multimedialen Technik. Mithilfe des mobilen Gefährts kann ich jederzeit und an (fast) jedem beliebigen Ort ein Coaching anbieten und durchführen. Ich bin unterwegs zu einem bekannten Vorstandsvorsitzenden, fast schon ein Promi, zumindest in Hamburg. Ich freue mich schon auf den erfrischenden Austausch in der Aue der Elbe – kein muffiger Seminarraum, kein beengendes Büro, keine schlechte Luft.

Was das mit Veränderung zu tun hat? Nur Geduld!

Jetzt bin ich schon mehr als zwanzig Jahre in der Referenten- und Trainer-Szene unterwegs – und es ist immer noch mein Traumberuf. Mir war von Anfang an klar, dass ich hier meine Berufung gefunden habe. Für mich gilt nach wie vor: Arbeit ist Arbeit nur dann, wenn die Arbeit eine Belastung darstellt, wenn sie mit Qual(en) zu tun hat. Wenn die Arbeit allerdings Freude und Spaß bereitet, dann ist es eigentlich keine Arbeit mehr. Vielleicht sollten wir sogar zwischen Arbeit und Beruf unterscheiden. Die Begeisterung, wenn ich einen neuen Auftrag erhalte und dann mit Kunden zusammenarbeiten und sie bei ihrer Weiterentwicklung unterstützen kann, stellt sich auch noch heute ein. Das war allerdings nicht immer so. Vor fünf Jahren ging ich durch ein tiefes Begeisterungstal. Ich erinnere mich noch genau – da ging nichts mehr, Niedergeschlagenheit und Depression pur. Ich funktionierte nur noch, und das mehr schlecht als recht. Für meine Kunden war ich bis dahin immer da, mit Top-Leistungen und mehr als 100 Prozent Einsatz. Aber plötzlich machte es mir keinen Spaß mehr. Im selben Jahr zog ich nach Berlin, direkt an den Ku'damm, in die Bleibtreustraße. Die Stadt begeisterte mich. So viele neue und interessante Eindrücke. Was für ein Lebensgefühl!

Wie paradox: Da saß ich also mitten im tollen Berlin und fragte mich: »Warum habe ich keine Lust mehr auf meinen Job? Was stört mich, und wie komme ich da wieder raus? Welcher Job macht jetzt mehr Spaß, und wer coacht jetzt mich? Wer coacht den Coach?« Fragen über Fragen, doch keine einzige Antwort in Sicht.

Es war wieder so ein belastender Arbeitstag, der kein Ende fand. Ich saß im Zug von Friedrichshafen nach Berlin, die Bahnfahrt dauerte mittlerweile acht Stunden. Als ich so aus dem Fenster schaute, stand mir plötzlich die Antwort auf all meine offenen Fragen vor Augen. »Das ist es«, sagte ich zu mir, »ja, das ist es, was mich nach fünfzehn Jahren plötzlich so an meinem Beruf stört: Es ist nicht mein Job selbst, der mir keinen Spaß mehr macht, sondern das ständige Herumreisen, das Hasten von Seminarraum zu Seminarraum, von Coachingort zu Coachingort, diese (bisher!) acht entsetzlichen Stunden im Zug, die ich soeben durchleide. Und immer die Abhängigkeit von Zug, Bahn und Flugzeug, das Angewiesensein auf andere: Hat der Veranstalter den Seminarraum auch so vorbereitet wie besprochen? Bestimmt gibt es irgendeine Kleinigkeit, ein dummes unnötiges Versäumnis, das den Seminarerfolg zum Lotteriespiel macht! Was mich stört, ist das Leben aus dem Koffer, das Reisen von Hotel zu Hotel, meistens mit nur einer Übernachtung. Das Essen, das nicht immer das beste ist und ich mir auch nicht wünsche, aber doch herunterschlinge, weil keine Zeit ist, sich ein Restaurant zu suchen. Ich sehe das Hotel, den Seminarraum, und erinnere mich manchmal gar nicht, in welcher Stadt das Seminar stattfindet. Die Tagungshotels und Seminarräume und die Büros der Coachees sehen sich oft so erschreckend ähnlich.«

DER ERSTE SCHRITT ZUR LÖSUNG IST, IN EINEM VAGEN UNBEHAGEN DAS WIRKLICHE PROBLEM ZU ERKENNEN

Ich wusste jetzt: Mir fehlte ein Zuhause. Eine Gewohnheit. Eine Konstante. Ein Ruhepunkt im Strudel der alltäglichen Veränderungen ...

Doch was tun? Meinen Kunden sagen, dass sie jetzt zu mir kommen sollen? Ich nur noch Vorträge halte, wenn die Veranstaltungen in Berlin sind? Das würde sogar funktionieren, nur würde mein Wirkungskreis derart schrumpfen, dass ich von meinem Beruf nicht mehr leben könnte. Dann wird mir klar: Die Lösung liegt nicht im Jobwechsel, sondern darin, mein Reiseverhalten meinen Bedürfnissen anzupassen. Nur wie? Autofahren ist nicht wirklich besser. Immerhin habe ich in Deutschland, Österreich und der Schweiz zu tun. Meine Reiserouten waren damals schon sehr optimiert, trotzdem musste ich in Hotels übernachten. Auch das Hin und Her mit dem Zug war nervenaufreibend: »Fährt der Zug pünktlich ab? Bekomme ich meinen Anschlusszug?« Meistens konnte ich mich todsicher darauf verlassen, dass der Zug, in dem ich gerade saß, Verspätung hatte, aber der Anschlusszug pünktlich abfuhr. Fliegen, so wusste ich, ist nach einer gewissen Zeit auch anstrengend: »Bekomme ich den Flug noch, fliegt der Flieger heute noch, trotz des schlechten

Wetters?« Von den Wartezeiten mal ganz abgesehen. Ich hatte immer nur das notwendigste Gepäck bei mir – und darum oft gerade das nicht, was ich gerne dabeigehabt hätte. Dafür war meist kein Platz, oder es war einfach nicht nötig für den Job.

So verbrachte ich also pro Jahr mehr als zweihundert Tage, und fast ebenso viele Nächte in Hotels. Und das schon fünfzehn Jahre lang.

CHANCE STATT CHANGE

Nach der Selbstreflexion war mir klar, dass ich meinen nicht Job wechseln musste. Nichts macht mir mehr Spaß, als Menschen in Coachings oder Trainings auf ihrem Weg zu begleiten und ihnen in Vorträgen Impulse für ihre Weiterentwicklung zu geben. Nein, ich musste lediglich mein Reiseverhalten neu denken, und dabei genügte es nicht, nur etwas zu verändern, zum Beispiel statt Zug fahren öfter zu fliegen.

Nein – eine radikale Lösung musste her, etwas ganz Neues: Und darum reise ich jetzt mit einem Coaching-Mobil durch die Länder. Bin mein eigener Herr. Hole den Coachee im Unternehmen ab, fahre mit ihm an die Elbe. Coache im Coaching-Mobil selbst oder draußen in der Natur, an der frischen Luft. Bin weniger auf andere angewiesen, denn alles, was ich brauche, befindet sich im Coaching-Mobil. Dort kann ich auch Seminare mit Kleingruppen durchführen, auf Seminarräume bin ich nicht mehr angewiesen.

Was ich nun auch weiß: Der erste Schritt zur Lösung ist, das konkrete Problem genau zu kennen und zu benennen.

20 LIEBER UNVOLLKOMMEN BEGINNEN ALS PERFEKT ZÖGERN

Nachdem mir klar geworden war, dass ich vor allem neu denken musste, wie ich die Reisen gestalte, die bei meinem Beruf nun einmal unvermeidlich sind, tauchte gleich das nächste Problem auf: WIE sollte ich in Zukunft von Coachee zu Coachee, von Trainingsgruppe zu Trainingsgruppe gelangen? Mir ging es ja auch darum, den muffigen Seminarräumen und verstaubten Büros zu entfliehen und mein eigener Reise-Herr zu sein. Darum verfiel ich auf den Gedanken, mir ein Wohnmobil anzuschaffen und zu einem Coaching-Mobil umzubauen.

LIEBER 90 PROZENT ERREICHEN ALS 100 PROZENT NICHT ERREICHEN

Sie können sich vielleicht die Widerstände vorstellen, mit denen ich aufseiten meiner Familie zu kämpfen hatte. Die meisten Widerstände kamen aber von mir selbst! Schließlich bin ich nie der geborene Camping- und Zelt-Typ gewesen. Und natürlich hat das Reisen mit dem Coaching-Mobil Nachteile. Als Verkehrsteilnehmer hat auch der Lenker eines Coaching-Mobils mit Staus zu kämpfen. (Übrigens: Na und? Einfach rechts ranfahren oder ab zum nächsten Parkplatz und dort übernachten!)

Schließlich traf ich eine Entscheidung: warum nicht mal was vollkommen Neues ausprobieren in dem Bereich, der mich unglücklich machte? Warum nicht mal die eingefahrenen Gleise verlassen und nicht einfach nur die kleinräumigen Veränderungsprozesse angehen, die wohl die meisten in meiner Situation gewählt hätten? Denn wie es nicht mehr weitergehen kann, das wusste ich ja schon. Nein, ich wählte die radikalere Variante, von der ich wusste, dass sie mich glücklich machen würde. Oder zumindest zufrieden.

Doch dann tauchten neue Fragen auf:»Welches Mobil ist das beste für mich und meine Belange? Soll es groß und gemütlich sein oder doch lieber klein und wendig? Welcher Anbieter passt am besten zu mir? Welche Raumaufteilung ist die praktischste für mich? Welche multimediale Ausrüstung ist erforderlich?« Denn mein Coaching-Mobil sollte alle möglichen Multimedia-Geräte umfassen, die gesamte technische Ausstattung des vernetzten Coaching-Mobils sollte sich mithilfe einer Medien-Festplatte über ein Tablet bedienungsleicht steuern lassen.

Diese und weitere praktischen Fragen führten wieder zu neuen Blockaden, zu Verzögerungen, zu Hemmungen. Viel Zeit ging ins Land. Langsam wurde mir bewusst, dass hier mein innerer Antreiber »Sei perfekt!« am Werke war. Vielleicht wundern Sie sich, dass ich als Coach erst so spät auf den Gedanken gekommen bin. Aber wir kennen ja die Zeitmanagement-Päpste, die immer zu spät kommen, und die übergewichtigen und rauchenden Ärzte, die ihren Patienten dringend raten, gesünder zu leben. Expertentum führt selten zur Selbsteinsicht.

Ich beschäftigte mich jetzt also schon fast zwei Jahre mit dem Thema, war mir aber immer noch nicht sicher in meiner Entscheidung. Am Anfang war ich sehr verwirrt. Nach zwei Jahren extensiver Recherche war ich immer noch verwirrt, aber auf einem höheren Niveau. Und auch wenn ich mir immer noch nicht wirklich sicher war, entschied ich mich schließlich für das Wohnmobil einer bestimmten Firma.

CHANCE STATT CHANGE

Wenn wir uns für etwas entschieden haben, sollten wir nicht lange zögern und die notwendigen Konsequenzen ziehen – und dabei nicht warten, bis alle Details geklärt sind. Es ist besser, unvollkommen zu starten, als in der Hoffnung zu zögern, irgendwann die perfekte Entscheidung zu treffen. Denn dann

könnte es zu spät sein, und es geht uns wie den Menschen, die die Palliativ-
pflegerin Bronnie Ware befragt hat und deren bewegende Antworten Sie in
dem Buch *The Top Five Regrets of the Dying* finden. Unter den fünf Dingen, die
Sterbende am meisten bereuen, findet sich auch die Aussage, sie bereuten es,
nicht den Mut gehabt zu haben, ihr eigenes Leben zu leben und das getan zu
haben, was sie tun wollten.

Trauen wir uns also, das zu tun, was wir für richtig halten. Bauen wir etwas
Neues auf, statt nur an einigen kleinen Veränderungsstellschrauben zu drehen. Überwinden wir unsere inneren Widerstände – und die unseres Umfeldes.
Beginnen wir, unvollkommen statt in Schönheit zu sterben. Es ist manchmal
besser, unperfekt zu beginnen, als auf den perfekten, alles bedenkenden
Startschuss zu warten. Wir müssen den Mut entwickeln, auch unvollkommen
zu beginnen und die 90-Prozent- statt die 100-Prozent-Strategie zu realisieren.

21 WAS AUCH IMMER GUT FÜR DEINE SEELE IST - MACH ES!

Endlich war es so weit. Ich würde bald in Berlin wohnen und hatte bereits
eine Wohnung angemietet. Der große Umzug sollte aber eigentlich erst in
ein paar Tagen stattfinden. Da ich es vor Freude kaum aushalten konnte,
packte ich meinen größten Koffer mit allem, was ich so brauchte, inklusive
einer Luftmatratze und Bettwäsche, und fuhr bereits einige Wochen vor dem
Umzug mit dem Zug von Hockenheim nach Berlin. Ein spontaner Entschluss,
ein paar Tage Berliner Luft schnuppern, dann wieder nach Hockenheim, dann
der große Umzug.

Am Savignyplatz in Charlottenburg angekommen, laufe ich die Bleibtreustraße Richtung Ku'damm entlang, den Koffer fest im Griff hinter mir herziehend. Es war schon immer ein Traum von mir, in einer Großstadt zu leben, und Berlin sollte es nun sein.

GUT STATT PERFEKT! Auf dem Weg zu meiner neuen Wohnung fällt mir ein kleines Straßencafé mit dem Name Chokocafé auf. Völlig erschöpft vom Kofferziehen, aber doch auch sehr zufrieden, setze ich mich auf eine Holzbank, die zu dem Café gehört. Plötzlich spricht mich ein Mann mit einem entspannten Lächeln im Gesicht an.»Hallo, machen Sie Urlaub oder sind Sie beruflich hier?« Ich sage »Weder noch, ich wohne ab heute hier.«»In dieser Straße?«, fragt er etwas überrascht.»Ja klar, warum nicht?«»Na ja, dann haben Sie die Wohnung wohl geerbt oder Sie haben viel Geld.« Ich antworte wieder: »weder noch.« Ich hatte wohl einfach nur Glück bei der Wohnungssuche.

Mit einem breiten Grinsen heißt er mich willkommen und stößt mit mir mit einem Glas Prosecco auf mein neues Zuhause an. Er ist der Besitzer dieses feinen Cafés und heißt Achim. Seine Frau Rosi und er sind heute sehr gute Freunde von mir. Wir haben mittlerweile viele schöne Abende miteinander verbracht und gute Gespräche geführt, auch über das Café. Da das Café gut läuft, kam Achim und Rosi der Gedanke, ein zweites Café zu eröffnen – dann könnten sie sehr viel mehr Umsatz und Gewinn erzielen. Das kann ich gut nachvollziehen, schließlich gehören Selbstständige und Freiberufler, die gerne etwas wagen, zu meinen Kunden.

In dem gemütlichen Café im Herzen des Berliner Westens ist nicht alles perfekt. Immer gibt es kleinere Reparaturen durchzuführen. Aber wäre das Café auch weiterhin ein Geheimtipp bei Künstlern und Berliner Originalen, wenn alles perfekt eingerichtet wäre? Würden mit jeder Veränderung und Verbesserung nicht das Flair und die spezielle Atmosphäre leiden und sogar verloren gehen? Ich beschließe also, meine Verbesserungsvorschläge für mich zu behalten und meine Zotter-Bioschokolade Bio und Fair zu genießen.

CHANCE STATT CHANGE

Wie drückte Achim es irgendwann einmal aus? »Uns ist es lieber, alles ist gut und wir können es genießen und sind glücklich, als dass wir versuchen, alles perfekt zu machen. Und die neuen Aufgaben und Kosten für ein zweites Café würden uns nur unglücklich machen.« Und darum haben Achim und Rosi dann doch darauf verzichtet, ein zweites Café zu eröffnen.

22 GENIESSE DEN MOMENT, BEVOR ER ZUR ERINNERUNG WIRD

Nun lebe ich schon seit über drei Jahren in Berlin und die Zeit vergeht wie im Flug. Heute erinnere ich mich immer wieder gerne an die eine oder andere Sommernacht in unserer Hauptstadt. Wenn ich dort etwas zu lieben gelernt habe, dann ist es der mich zutiefst berührende Glückszustand, der mich erfüllt, wenn ich zu fortgeschrittener Stunde nach dem Besuch einer Bar, einem Vernissage-Abend oder auch einem späten Kundenmeeting den Ku'damm entlang nach Hause schlendere.

Die Welt kommt mir dann so freundlich und harmonisch vor. Ich empfinde ein Gefühl der Dankbarkeit, dass ich das Leben leben darf, das ich lebe, während es so vielen Menschen nicht vergönnt ist, ihre Zeit in Frieden und Harmonie zu verbringen. Ich bin gleichzeitig traurig darüber, dass ich einen einzigartigen Tag nicht festhalten kann, dass er sich nicht wiederholen lässt.

Mir wird in solchen Momenten klar, wie vergänglich alles ist. Die wunderbaren Menschen, mit denen ich jeden Tag zu tun habe, die spannenden, manchmal bewegenden, manchmal auch traurigen Gespräche, die ich führen darf, werden immer mehr und mehr in meiner Erinnerung verblassen. Nichts wird so bleiben, wie es ist. Alles kann von einem Moment auf den anderen zu Ende sein. Ein Kollege von mir, Hermann Scherer, fragt:»Wenn es ein Leben vor dem Tod gibt, warum leben wir es dann eigentlich nicht?«

Mir fällt ein Satz aus dem Zauberberg von Thomas Mann ein:»Der Mensch soll um der Güte und Liebe willen dem Tode keine Herrschaft einräumen über seine Gedanken.« Aber natürlich dürfen wir den Tod auch nicht verdrängen, selbst wenn dies manchmal zu blockierenden Gedanken führt. Wir dürfen nicht vergessen, dass das Leben vergänglich ist und es keine Ewigkeitsgarantie für was auch immer gibt.

WENN ES EIN LEBEN VOR DEM TOD GIBT, WARUM LEBEN WIR ES DANN EIGENTLICH NICHT? Hermann Scherer

Wenn mich solche Gedanken und Gefühle überfallen, kommt mir das Gewese um Veränderungsprozesse, Verhaltensänderungen, den Aufbau neuer Gewohnheiten und die Überlegung, wir könnten das Neue erschaffen, auch ohne das Alte zu bekämpfen, klein und nichtig vor.

CHANCE STATT CHANGE

Bei aller Notwendigkeit der Pflege von Erfolgsgewohnheiten, Verhaltensanpassungen oder Verhaltensveränderungen sage ich mir jeden Tag:»Nimm dich und deine Angelegenheiten nicht zu ernst. Denn alles kann sich jeden Tag ohne dein Zutun ändern, weil nie etwas für immer so bleibt, wie es ist. Natürlich bist du der Mittelpunkt deiner Welt, und du sollst dich achten, respektieren und ernst nehmen. Übertreibe es aber nicht, denn das gilt auch für alle anderen Menschen. Wenn dir also jemand sagt: ›Du musst dich verändern!‹, dann frage zurück: ›Warum? Kann nicht auch einmal etwas so bleiben, wie es ist?‹ Denn das wird sich irgendwann sowieso von selbst ändern.«

23 DAS BESTE, WAS DIR PASSIEREN KANN: DU WACHST AUF UND BIST GLÜCKLICH

»Schönes Neues Jahr!«, tönt es aus allen Ecken. Es ist 0 Uhr und die Silvesterparty auf ihrem Höhepunkt. Ich bin in Hamburg-HafenCity und schaue mit anderen Partygästen von einer Dachterrasse dem grandiosen Feuerwerk zu. Bestimmt kennen Sie dieses Gefühl: Selbst wenn es draußen bitterkalt ist und der Wind einem nur so um die Nase pfeift, wärmt einen doch von innen ein wohliges Glücksgefühl. Ich bin mit mir im Reinen, schaue mich um und sehe nur fröhliche Gesichter. Alle sind gut gelaunt und schauen nach oben. Nach einer Weile lässt das Feuerwerk nach, und ich sehe bei dem einen oder anderen nun einen ganz anderen Gesichtsausdruck. Das Glücksgefühl scheint abgelöst zu werden von einer eher skeptisch-melancholischen Mimik. Die Menschen scheinen zu grübeln, nachzudenken, in die Vergangenheit zu schauen. Ich kann mir schon denken, worum es geht ...

Es dauert nicht lange, bis auch mir die typische Neujahrsfrage gestellt wird. Wie hat mich diese Frage schon früher genervt: »Was sind deine Vorsätze für das neue Jahr?« Ja, es gab sogar Zeiten, in denen ich die Frage geradezu gehasst habe. Vielleicht fragen Sie sich jetzt: warum eigentlich? Was ist daran so schlimm, in die Vergangenheit zu schauen und sich zu fragen, was zukünftig geändert werden soll? Der Grund ist simpel: weil ich keine Antwort darauf habe. Und das geht mir auch jetzt auf der Dachterrasse so, als mich eine junge Frau fragt, was ich mir für das kommende Jahr vornehmen werde. Warum sollte ich mir etwas vornehmen für das neue Jahr? Ich bin dankbar und glücklich so, wie es ist, und ich will diesen Zustand auch gar nicht ändern.

Danach stelle ich ihr die aus meiner Sicht entscheidende Frage:»Was alles soll sich in deinem Leben *nicht* verändern?« Sie fragt völlig verständnislos, was bitte schön ich damit meine.»Ganz einfach«, antworte ich,»was hat dich im letzten Jahr glücklich gemacht? Was findest du so toll, dass es sich nicht mehr ändern soll? Woran möchtest du festhalten?« Nach längerem Schweigen und Überlegen antwortet sie mit einem befreiten Lächeln:»der Teamgeist, der bei uns auf der Arbeit herrscht. Auf den möchte ich auf keinen Fall verzichten. Jeder ist für den anderen da, ich kann mich hundertprozentig auf meine Kollegen verlassen, auch wenn es mal eng wird, und die Kollegen wissen, dass sie sich auf mich verlassen können.«

CHANCE STATT CHANGE

Nicht dass Sie jetzt denken, ich hätte keine Träume, Wünsche und Ziele. Die habe ich, und das nicht zu knapp, aber sie sind nicht auf ein Jahr begrenzt oder nur auf einen bestimmten Zeitraum fixiert.

Ich bin nur der Meinung: Bevor wir uns intensiv Gedanken über weitere Ziele und Wünsche machen und diese in Vorsätze gießen, die nicht immer, aber meistens schon in dem Moment gebrochen werden, in dem wir sie formulieren, sollten wir mit dem starten, was ist, und uns mit dem beschäftigen, was uns bereits gelungen ist und was wir bereits erreicht haben im Leben.

Wenn ich an das Erlebnis auf der Dachterrasse denke, frage ich mich: warum das wohlige Glücksgefühl eintauschen gegen das müßige und grüblerische Nachdenken darüber, was alles geändert und in unsinnige Vorsätze gefasst werden soll? Warum können wir nicht jetzt schon happy sein und den Augenblick genießen und zu ihm sagen:»Verweile, Augenblick, du bist so schön!«?

Mein Vorschlag: Erstellen Sie wie ich doch einmal eine Chance-statt-Change-Liste. Als ich das erste Mal eine Chance-statt-Change-Liste entworfen habe, habe ich meine tollen Vorsätze allesamt über Bord geworfen. Oder besser gesagt: Ich habe sie erst gar nicht formuliert. Stattdessen habe ich die Dinge aufgeschrieben, für die ich dankbar bin und die sich in meinem Leben nicht so schnell ändern sollen.

GENIESSEN SIE DAS LEBEN DOCH EINFACH MAL!

Jedes Jahr schaue ich zurück, aktualisiere meine Chance-statt-Change-Liste und bin sofort motiviert, darauf zu achten, dass es nächstes Jahr so bleibt oder sich sogar verbessert. Als Beispiel stelle ich Ihnen hier meine aktuelle persönliche Chance-statt-Change-Liste vor:

- »Ich bin gesund und möchte es weiterhin bleiben.«
- »Ich bin stolz auf meine beiden Söhne und möchte weiter für sie da sein.«
- »Ich habe eine harmonische und glückliche Partnerschaft und freue mich darüber.«
- »Ich liebe meinen Beruf und freue mich über weitere erfolgreiche Jahre mit meinen Kunden.«
- »Ich mag mich, und so soll es bleiben.«
- »Ich habe viel gelernt und freue mich über neue Erfahrungen.«
- »Ich freue mich, dass ich so vielen Menschen helfen konnte und davon leben kann.«

Manchmal genügt es, aufzuwachen und einfach nur gesund und glücklich zu sein. Denn hinter diesem »Nur« verbirgt sich das größte Glück der Welt. Darum: kurz mal nicht nachgedacht – ZACK – glücklich! Und dann einfach mal genießen!

24 DIE GUTE ALTE ZEIT IST JETZT!

Die Notwendigkeit zur Veränderung wird oft damit begründet, dass früher alles besser war. Die Gegenwart kommt dabei stets schlecht weg, die Zukunft erscheint in einem düster-chaotischen Licht, weil wir die vermeintlich miserable Gegenwart weiterdenken und in die Zukunft verlängern. Dabei kann nur Trübsinniges herauskommen. Diese Haltung liefert den Changebefürwortern Munition. Damit es nicht noch mehr den Berg hinabgeht, muss ein Ruck durch die Gesellschaft gehen, alles auf den Kopf gestellt werden und das Unterste zuoberst gekehrt werden. »Veränderung um jeden Preis«, lautet dann die Devise.

Wir finden viele Beispiele, die dies belegen. Aber genau so viele Beispiele finden wir, um das Gegenteil behaupten und beweisen zu können. Woche für Woche beschäftigt sich der *SPIEGEL*-Redakteur Guido Mingels in der Rubrik »Früher war alles schlechter« damit, ob es wirklich stimmt, dass »früher alles besser war«. Er stellt die die Vergangenheit glorifizierende Behauptung auf den Kopf und weist faktenreich nach, dass früher (oft) alles schlechter war.

BEHAUPTUNGEN SIND KEIN BEWEIS

Dabei gelingt es ihm oft, lieb gewonnene Überzeugungen und tief verwurzelte Glaubenssätze mit erstaunlichen Zahlen zu widerlegen. Wer glaubt, die Welt im Allgemeinen und Deutschland im Besonderen versinke im Verbrechenssumpf, der bekommt von Mingels zahlengesättigt nachgewiesen, dass die Zahl der Banküberfälle kontinuierlich sinkt. Wer vor lauter Angst vor dem Waldsterben die zunehmende Luftverschmutzung beklagt, muss sich eines Besseren belehren lassen: Denn der Waldbestand nimmt zu!

Mingels entlarvt Überzeugungen und Einstellungen als bloße Behauptungen, die mit der Wirklichkeit nichts zu tun haben. Sicherlich – das hat oft etwas mit dem Unterschied zwischen subjektiver Wahrnehmung und objektiver Gegebenheit und dem Verhältnis von relativen und absoluten Zahlen zu tun. So belegt er, dass es 2011 zwar immer noch 990 Millionen Menschen gab, die in absoluter Armut lebten. Viel zu viele! Aber im Vergleich zu 1970 ein deutlicher Fortschritt, denn damals waren es 2.218 Millionen Menschen und damit 60 Prozent der Weltbevölkerung.

Im Vergleich zu 1820 allerdings hat sich kaum etwas verändert – wenn wir nur die absoluten Zahlen vergleichen. Denn damals waren es 1.022 Millionen Menschen, die von weniger als 1,90 Dollar am Tag leben mussten – so definiert die Weltbank absolute Armut. Schauen wir uns jedoch die relativen Zahlen an, hat es einen deutlichen Fortschritt gegeben: Lebten 1820 90 Prozent der Menschen in absoluter Armut, so waren es 2011 »nur« 14 Prozent.

Wenn der Kopf im Feuer liegt und die Füße im Eis, fühlen wir uns in der Körpermitte so richtig wohl, jedenfalls statistisch gesehen. Und wir alle sollten sowieso nur der Statistik Glauben schenken, die wir selbst gefälscht haben. Zugleich jedoch zeigt uns Guido Mingels, dass eine gesunde Skepsis gegenüber denjenigen angebracht ist, die ungehemmt nach der Veränderung schreien und die ewige Bereitschaft zum Change fordern.

CHANCE STATT CHANGE

Wichtig ist, dass wir uns einen gesunden Hang zur Skepsis bewahren. Wir sollten nicht gleich den Veränderungsrattenfängern nachlaufen, sondern die Gründe, Argumente, Zahlen, Daten und Fakten überprüfen, mit denen uns die Veränderungsprediger einfangen und überreden möchten, in den Change-Fanklub einzutreten.

Ich jedenfalls habe mir angewöhnt: Wenn mir jemand einreden will, die Veränderung sei ein Allheilmittel für jedes Problem, dann stelle ich ihm einige skeptische Fragen:

- »Wie kannst du deine Behauptung belegen?«
- »Wer behauptet das? Welches – auch persönliche – Interesse hat derjenige an der Wahrheit der Behauptung? Warum also behauptet er das?«
- »Gibt es nicht auch Gegenbeweise?«
- »Drehe die Aussage oder Behauptung einfach um. Finden sich nicht auch Argumente für das Gegenteil?«
- »Gibt es eine bessere Lösung als die Veränderung, die an Gewohntem, Bestehendem oder Etabliertem anknüpft?«

25 MACH LIEBER DIE EINFACHEN GEWOHNTEN DINGE GUT ALS DIE SCHWIERIGEN NEUEN SCHLECHT!

In einem meiner Coachings hatte ich mit einer Managerin zu tun, die auf eine äußerst erfolgreiche Karriere zurückblicken konnte und auch noch nicht auf dem Gipfel angekommen zu sein schien. Die Managerin war schon etwas älter, hatte aber noch Großes vor.

Ihre bisherigen Erfolge verdankte sie, so ihre eigene Ansicht, einem eher autoritären Führungsstil. Sie wusste stets genau, wo es langgeht, arbeitete oft mit Anweisungen und Vorgaben. Nur wenn sie sich hundertprozentig sicher war, dass eine Mitarbeiterin oder ein Mitarbeiter über die Reife und

Fachkompetenz verfügte, eigenständig(er) zu agieren, übertrug sie nicht nur Aufgaben, sondern auch die Kompetenz und vor allem die Verantwortlichkeit.

Nach einem Seminarbesuch war sie davon überzeugt, ihr Führungsstil sei antiquiert und überholt. Der Seminarleiter und auch die zumeist jüngeren Seminarkollegen hatten ihr geschildert, wie erfolgreich der partnerschaftlich-kooperative Führungsstil sei, der den Mitarbeitern von Anfang an viel größere Entscheidungs- und Handlungsspielräume eröffnet.

Nach dem Training ging die Managerin sofort in die Offensive, erläuterte den Mitarbeitern im Meeting, welche neuen Freiheiten sie jetzt hätten – und musste zu ihrer Überraschung feststellen, dass seitdem die Abläufe und Prozesse in ihrem Verantwortungsbereich nicht mehr so reibungslos liefen, wie das bisher der Fall gewesen war. So der Stand der Dinge, als sie zu mir ins Coaching kam.

Für mich war der Fall klar: Die Mitarbeiter hatten sich an ihren Führungsstil gewöhnt, sie kamen mit der neuen Chefin nicht zurecht. Statt ihr dies darzustellen, erzählte ich ihr lieber die Geschichte von dem Golfprofi Bernhard Langer, die sich 1982 wirklich so zugetragen hat, die ich aber für meine Zwecke ein wenig abänderte. Bernhard Langer schlug bei einem Turnier in London einen Ball in eine Baumkrone. Er kletterte hoch und schaffte es tatsächlich, den Ball aus der Krone in die Nähe des Lochs zu schlagen. Kurz darauf konnte er einputten. Auf die Frage eines Reporters, wie er das geschafft habe, verbunden mit der Aussage:»Da hatten Sie ja wirklich enormes Glück«, antwortete der Golfstar:»Wissen Sie, je mehr ich übe und meine Spitzenschläge trainiere und verfeinere, umso mehr Glück habe ich!«

SEI KEIN FROSCH – BLEIB, WIE DU BIST!
Helga Schäferling

CHANCE STATT CHANGE

Die Managerin stutzte zunächst. Doch dann wurde ihr klar: Statt sich eine neue Fertigkeit anzueignen und ihren Führungsstil zu verändern, wäre es zielführender gewesen, das, was sie gut konnte und beherrschte, fortzuführen und immer mehr zu verfeinern. »Es spricht nichts dagegen, Ihren auf Ihrer Autorität basierenden Führungsstil ein wenig anzupassen und weiterzuentwickeln. Warum aber sollten Sie das, was gut funktioniert, leichtfertig über Bord werfen? Ihre Mitarbeiter haben sich an Ihre Art der Führung gewöhnt, sich darauf eingestellt und sind nun vielleicht verunsichert, weil sie nicht einschätzen können, woran sie bei Ihnen sind. Möglicherweise hat auch Ihre Glaubwürdigkeit gelitten. Sie kommen nicht mehr so authentisch rüber wie früher!«

Jedenfalls kehrte die Managerin wieder zu ihrem alten Stil zurück. Ein Mitarbeiter hat dann das Gespräch mit ihr gesucht und noch eine ganz andere Erklärung geliefert: »Frau Chefin, Ihr Führen mit Anweisungen hat uns so richtig motiviert, unser Bestes zu geben. Denn die meisten von uns waren erpicht darauf, sich in Ihren Augen zu bewähren und als Belohnung für gute Leistungen größere Entscheidungsspielräume zu erhalten. Wir empfanden Sie nicht als autoritär, sondern als Autorität. Ihre Autorität hat uns dazu bewegt, immer besser zu werden. Und das haben wir nach Ihrem Seminarbesuch vermisst. Zum Glück sind Sie jetzt wieder ganz die Alte!«

26 WIR SIND NIE ALLEINE GLÜCKLICH

Wahrscheinlich kennen Sie die Geschichte vom kleinen Prinzen von Antoine de Saint-Exupéry. Auf seiner Reise begegnet der kleine Prinz einem Fuchs, der ihn auffordert, ihn zu zähmen. »›Das ist eine in Vergessenheit geratene Sache‹, sagte der Fuchs. ›Es bedeutet, sich vertraut machen.‹ Vertraut machen, so erläutert der Fuchs dem kleinen Prinzen, heißt: ›Du bist für mich noch nichts als ein kleiner Knabe, der hunderttausend kleinen Knaben gleicht. Ich brauche dich nicht, und du brauchst mich ebenso wenig. Ich bin für dich nur ein Fuchs, der hunderttausend Füchsen gleicht. Aber wenn du mich zähmst, wer-

BEZIEHUNG, DAS HEISST DRANBLEIBEN Maria Hecht

den wir einander brauchen. Du wirst für mich einzig sein in der Welt. Ich werde für dich einzig sein in der Welt.‹ Auf die Frage des kleinen Prinzen, wie er sich denn mit dem Fuchs vertraut machen könne, antwortet dieser: ›Du musst sehr geduldig sein. Du setzt dich zuerst ein wenig abseits von mir ins Gras. Ich werde dich so verstohlen, so aus dem Augenwinkel anschauen, und du wirst nichts sagen. Die Sprache ist die Quelle der Missverständnisse. Aber jeden Tag wirst du dich ein bisschen näher setzen können ...‹«

Und so beginnen der kleine Prinz und der Fuchs, sich vertraut zu machen, eine Beziehung aufzubauen. Und diesen Beziehungsaufbau – um wieder den harten Schritt in die Realität zu wagen – strebe auch ich jeden Tag aufs Neue an. Der Partner in meiner Beziehung ist allerdings kein Fuchs, sondern in meinem Fall geht es vor allem um meine beiden erwachsenen Söhne. Sie haben Nico und Evan ja bereits in anderen Change Fucks kennengelernt. Unser regelmäßiger Kontakt ist für mich ein heiliges Ritual, eine lieb gewonnene Gewohnheit, die ich nie missen möchte. Auch – oder gerade weil – ich viel unterwegs bin, ist es mir wichtig, unsere Beziehung weiter zu verbessern, zum Beispiel durch die Gewohnheit, spätestens alle drei Tage irgendwie miteinander zu kommunizieren.

Im Zeitalter der modernen Kommunikationsmedien und von Social Media gibt es ja viele Möglichkeiten. Noch wichtiger als die Quantität, also die reale Zeit, die wir miteinander verbringen oder miteinander aus der Distanz kommunizieren, ist für mich die Qualität der Beziehung zu meinen Söhnen. Konkret: Ein intensives Dreiminutentelefonat, in dem ich meinen Söhnen von einer persönlichen Erfahrung berichten kann, die ihnen auf irgendeine Art und Weise weiterhilft, kann für ihre Weiterentwicklung prägender und bedeutsamer sein als zum Beispiel das Dreistundengespräch per Skype oder das direkte Beisammensein den ganzen Tag über.

Manchmal bin ich vierzehn Tage am Stück unterwegs, und auch dann beachte ich bei der Rückkehr nach der langen Zeit der Abwesenheit die Gewohnheit, meine Arbeit nicht mit nach Hause zu nehmen. Mit meiner Freundin pflege ich das Ritual, jeden Morgen unseren gemeinsamen Kaffee zu genießen. Wenn ich unterwegs bin, geschieht das telefonisch – mit dem Telefon in der Hand trinken wir unseren Kaffee und besprechen den Tag. Es gibt auch einen festen Abend in der Woche, an dem ich nur etwas mit meiner Freundin unternehme. Das kann ein schönes Essen sein oder ein Kinobesuch oder auch nur ein Spaziergang an der Elbe. Wir lassen den Tag dann in einer kleinen Bar ausklingen. Es ist mir wichtig, dass unser Alltagstrott nicht dazu führt, dass sich die Beziehungsqualität verschlechtert.

CHANCE STATT CHANGE

Mein Ziel: Ich möchte die Menschen, die ich liebe und die mir wichtig sind, an meinem Leben teilhaben lassen, auch um zu erfahren, was sie beschäftigt. So halte ich es auch mit meinen Kunden: Wo immer sich die Gelegenheit ergibt, kontaktiere ich sie auch außerhalb der verabredeten Gesprächszeiten, um mich mit ihnen auszutauschen oder um einfach einen Telefonplausch mit ihnen zu halten. Wenn ich etwa nach einem Kundengespräch oder Coaching im Zug oder in meinem Coaching-Mobil sitze, greife ich spontan zum Telefonhörer und erkundige mich bei dem Coachee, was ihm das Coaching gebracht hat und ob, wie und wann er mit der Umsetzung unserer vereinbarten Handlungsempfehlungen startet. Entscheidend ist, dass ihm deutlich wird: Ich will ihm jetzt nicht das nächste Seminar oder Coaching verkaufen, sondern mich von Mensch zu Mensch erkundigen, wie es ihm geht – allgemein, aber eben auch bezüglich der Begegnung, die er und ich vor Kurzem hatten. Kurz: Ich zeige mein Interesse an dem Menschen. Dieses Interesse spiegelt sich auch darin, dass ich zum Beispiel weiß, wann er Geburtstag hat oder seine Tochter oder sein Sohn eingeschult wird, das Abitur macht, oder eine Lehre beginnt. Zu diesem Zeitpunkt rufe ich den Menschen an und erkundige mich.

Dabei geht es mir stets um die Qualität der Beziehung, um die Verbesserung der Beziehungsqualität. Hier kommt die Fähigkeit zur Empathie ins Spiel. Empathie ist aus meiner Sicht vor allem eine Haltung und Einstellung. So mancher glaubt, damit sei lediglich die Fähigkeit des Mitfühlens oder gar des Mitleidens gemeint. Dies jedoch ist mir zu kurz gegriffen: Bei der Empathie geht es nicht um gefühlseliges Mitfühlen, sondern um das einfühlende Verstehen oder verständnisvolle Sich-Einfühlen in die Vorstellungswelt des Gesprächspartners – ob das nun ein Mitarbeiter, ein Kollege, ein Freund und Bekannter oder der Partner ist.

Entscheidend ist immer das Spannungsfeld zwischen dem rationalen Verständnis dessen, was den anderen Menschen bewegt, und der emotionalen Versenkung in seine Gefühlswelt. Ich habe die Erfahrung gemacht, dass dieses Einschwingen auf die emotionale Stimmung des anderen die Beziehungsqualität erheblich verbessert. Um es auf den Punkt dieses Buches zu bringen: Die Verbesserung der Beziehungsqualität ist aus meiner Sicht wichtiger, bedeutsamer und auch Erfolg versprechender als jede Veränderung.

Wichtig für empathische Menschen ist: Hilfsbereite und empathische Menschen bringen es weiter als Ellbogentypen, auch und vor allem im Beruf. Denn es gibt Geber und Nehmer unter den Menschen, wobei die Geber, also die hilfsbereiten Menschen, mehr Erfolg haben, eben *weil* sie sich um andere kümmern – und nicht *obwohl* sie sich um andere kümmern. Basis für diese Darstellung ist das Buch *Geben und Nehmen* des Psychologen Adam Grant, der mit der Vorstellung, dem Egoisten gehöre die (Berufs-)Welt, kräftig aufräumt. Er bringt Belege dafür, dass die Geber, die sich auch für andere engagieren, im Durchschnitt erfolgreicher, zufriedener und überdies anerkannter sind als die Nehmer-Typen.

Bei den Nehmern handelt es sich um Menschen, die Informationen absaugen und wo immer möglich Unterstützung einfordern, zuweilen auf charmante, manchmal aber auch auf weniger charmante Art und Weise. Es liegt in ihrer Natur – wir ärgern uns über sie, können ihnen allerdings nicht (immer) wirklich böse sein. Anders sieht es allerdings bei denjenigen Nehmer-Zeitgenossen aus, bei denen wir Methode hinter der Nehmer-Mentalität vermuten dürfen. Es kommt dann zu der berechtigten Klage, dass die vom Stamme Nimm sich auf Kosten ihrer Mitmenschen bereichern.

Ich jedenfalls finde es ermutigend, wenn Adam Grant belegen kann, dass die hilfsbereiten und großzügigen Menschen es weiter bringen als die egoistischen Ellbogentypen. Wir sind eben nie allein glücklich!

27 WER SPASS HAT BEI DEM, WAS ER TUT, MUSS NIE MEHR ARBEITEN!

»Erst die Arbeit, dann das Vergnügen!« Das ist der Satz, der meine Kindheit am meisten geprägt hat. Er gehört zu den Change Fucks, die dazu führen, dass sich das eine oder andere verändert, aber nichts wahrhaft verbessert.

»Erst die Arbeit, dann das Vergnügen!« So wurde ich erzogen, so nahm man mir gleich den Spaß an der Arbeit. Als ich meine Lehre zum Zimmermann machte, bekam ich die folgende gern zitierte Aussage zu hören: »Lehrjahre sind keine Herrenjahre.« Mir wurde eingebläut: Arbeiten macht keinen Spaß, und – noch schlimmer – Arbeiten darf auch keinen Spaß machen. Ich bin im Heim und bei Pflegeeltern aufgewachsen, und darum sollte mir anscheinend frühzeitig und eindringlich klar gemacht werden, dass ich hart arbeiten sollte und müsste, um zu überleben.

Doch als ich dann achtzehn Jahre alt wurde und das Jugendamt sowie Pflegeeltern nicht mehr die Vormundschaft über mich hatten, wurde mir rasch bewusst, dass Arbeit auch Spaß machen kann. Bereits während meiner Zimmermannslehre arbeitete ich in einem großen Fitnessstudio bei Heidelberg. Ich arbeitete noch kurzzeitig als Zimmermanngeselle weiter und wagte dann als Fitnesstrainer und Backgroundtänzer den Sprung in die Selbstständigkeit. Dabei wurden mir zwei Dinge bewusst, die meine Einstellung zur Arbeitswelt dramatisch veränderten:

1. Arbeiten kann nicht nur, sondern darf auch Spaß machen!
2. Wer Spaß hat bei dem, was er tut, der ist erfolgreicher und glücklicher!

Das hört sich zunächst einmal unspektakulär an, ist aber das Ergebnis zum Teil recht unangenehmer Erfahrungen, die ich nicht jedem wünsche.

Am Anfang quälte mich noch ein schlechtes Gewissen. Während mir meine Arbeit einen Riesenspaß bereitete, hörte ich immer wieder von Freunden und Bekannten, wie viel Stress sie bei der Arbeit hätten. Viele waren an ihren freien Tagen so genervt von ihren Jobs, dass sie sich auch in ihrer Freizeit nicht entspannen konnten. Wenn ich manchen zuhörte, wie deprimiert und deprimierend sie über ihre Arbeit sprachen, traute ich mich gar nicht, mich über die Begeisterung, Freude und auch innere Befriedigung zu äußern, die ich bei meiner Arbeit empfand.

In meinem Freundes- und Bekanntenkreis galt ich als jemand, der nicht nur gerne arbeitete, sondern sich auch noch zu der waghalsigen Behauptung verstieg, doch eigentlich gar nicht zu arbeiten. Denn ich empfand ja riesigen Spaß bei dem, was ich tat – wie konnte das, zumindest nach landläufiger Definition, Arbeit sein? Tanzen war mein Leben, mein Leben bestand aus Tanzen. Tanzen war für mich gleichbedeutend mit einem Glückszustand, den ich immer wieder erleben wollte. Und darum ging ich so oft wie möglich aufs Tanzparkett. Mein ganzes Denken und Handeln war auf meinen Beruf ausgerichtet – und das gilt bis heute, auch wenn sich der Beruf selbst geändert hat.

SPASS AN DER ARBEIT IST DER WEG ZUM ERFOLG

Auf jeden Fall habe ich meine jeweiligen Berufe nie ausgeübt, weil ich es musste, sondern, weil ich es wollte und will. Weil es mich glücklich machte und macht.

Natürlich: Ein angenehmer Nebeneffekt dabei ist, dass ich von etwas, das ich nicht als Belastung empfinde, sondern als Quelle des Glücks und der Befriedigung, leben kann. Ich kann mir mittlerweile Wünsche erfüllen, von denen ich früher nicht einmal zu träumen gewagt hätte. Als Fitnesstrainer konnte ich meinen Lebensunterhalt bestreiten und mir eine kleine Wohnung mieten. Von den Showtänzen kaufte ich mir das ein oder andere Auto und leistete mir alle möglichen Dinge. Aber das war immer nur ein angenehmer Nebeneffekt. Nicht mehr und nicht weniger.

CHANCE STATT CHANGE

Meine Lebensphilosophie ist:»Wer Spaß hat bei dem, was er tut, muss nie mehr arbeiten!« Schluss bitte mit diesem unsinnigen Gegensatz von Arbeit und Vergnügen!

Wenn mich ein Kunde für seine Veranstaltung als Keynote-Speaker bucht, starte ich meinen Vortrag oft mit meiner Lieblingsfrage:»Wer von Ihnen hat denn schon Spaß bei seiner Arbeit?« Es ist erschreckend, wie selten dann die Finger hochgehen. Ich fordere das Publikum dann nicht auf, ihr ganzes bisheriges Berufsleben über Bord zu werfen, die große Lebensveränderung anzustoßen und sich zu überlegen, in welchem Beruf es denn möglich sein könnte, ihn zur Berufung zu machen. Vielmehr erinnere ich sie an die berühmte Fish-Philosophie. Es geht darum, sich zu fragen, ob es nicht möglich ist, im derzeitigen Beruf und Job einige kleine Stellschrauben zu drehen, um auch bei dieser Arbeit Freude, Spaß, Begeisterung und Befriedigung zu empfinden.

Die vier Fish-Grundregeln lauten:
- Arbeit macht Spaß – habe Freude an der Arbeit!
- Bereite anderen eine Freude!
- Sei stets präsent!
- Bestimme deine Einstellung selbst!

Mache ich es mir zu leicht, wenn ich anmerke, dass jeder für die Ausgestaltung seines beruflichen Umfeldes eine Mitverantwortung trägt? In dem Motivationsbuch *Fish!* jedenfalls zeigt die Abteilungsleiterin Mary Jane Ramirez ihren Mitarbeitern in der Firma First Guarantee mithilfe der Fischverkäufer auf dem Pike-Place-Fischmarkt, dass es ihre eigene Einstellung zu ihrer Arbeit ist, die darüber entscheidet, ob sie ihrer Arbeit mit Freude und Engagement nachgehen können. Sicherlich spielen auch die Rahmenbedingungen eine große Rolle – entscheidend jedoch ist die persönliche Einstellung zu den Dingen. Und daran kann jeder von uns arbeiten.

Ken Blanchard hat dazu gesagt: »Wenn wir uns dafür entscheiden, die Arbeit, die wir tun, zu lieben, dann können wir jeden Tag Glück, Lebenssinn und Erfüllung erfahren.« Selbst wenn Sie nicht den Vorzug genießen, in einer lebensbejahenden Unternehmenskultur zu arbeiten, die es Ihnen erleichtert, Spaß und Freude bei Ihrer Tätigkeit zu empfinden, sollten Sie überlegen, wie es Ihnen gelingt, das Feuer der Begeisterung in sich selbst zu entfachen – vielleicht dadurch, dass Sie anderen Menschen eine Freude bereiten und jeden Tag versuchen, den Menschen, mit denen Sie zu tun haben, ein Lächeln ins Gesicht zu zaubern.

28 ES GEHT NICHT DARUM, SICH SELBST ZU VERÄNDERN, SONDERN DIE UMSTÄNDE UND RAHMENBEDINGUNGEN

Eine Zeit lang fuhr ich viel mit der Bahn, nicht selten die gleiche Bahnstrecke mehrmals im Monat hintereinander. Dabei gelang es mir immer, denselben Sitzplatz zu ergattern. Ich nutzte die Bahnfahrt gerne, um zu schreiben, zu lesen oder zu entspannen. Damals schrieb ich regelmäßig für eine Zeitschrift eine Kolumne zum Thema »Motivation & Change«. Nun hatte mich die Redakteurin dieser Zeitschrift gebeten, ein weiteres Jahr lang Beiträge für jene Kolumne zu liefern. Ich sollte grob skizzieren, mit welchen konkreten Inhalten ich die nächsten Kolumnen zu füllen gedachte. Doch mir fehlten die zündenden Ideen.

ANDERS IST NICHT FALSCH!

Nachdem ich die Strecke nun das fünfte Mal fuhr und beim Blick aus den Seitenfenstern die immer selben Gebäude, Straßen und Landschaften sah, merkte ich, dass mich diese Aussicht doch etwas langweilte. Und zumindest nach meinem Verständnis wollen Langeweile und die Entwicklung kreativer Ideen nicht so recht zusammenpassen.

Nach einem kurzen Blick auf die andere Seite im Zugabteil sah ich, dass da noch ein Platz mit einem großen Tisch frei war. Kurzerhand schnappte ich meine sieben Sachen und setzte mich dort hin. »Warum soll ich nicht auch mal die Gewohnheiten ändern?«, dachte ich. Nachdem ich es mir gemütlich gemacht hatte, schaute ich auch gleich aus dem Fenster – und welch eine Überraschung! Ich durfte nun neue Eindrücke sammeln, neue Gebäude, auch ein Flüsschen und neue Landschaftseindrücke bestaunen. Ich bewunderte gerade eine wunderschön geschwungene Brücke, als mir der Titel – und damit das gesamte inhaltliche Konzept – für eine neue Kolumne einfiel:»Bauen Sie auch in schwierigen Verhandlungssituationen für Ihren Verhandlungspartner eine Beziehungsbrücke, statt unüberwindbare EinWände zu errichten!«

Es muss nicht immer funktionieren. Aber neue Eindrücke, neue Umstände, eine neue Umgebung, ein anderer Rahmen und neue Impulse führen zuweilen dazu, dass es gelingt, kreative Ideen zu gebären. Erfolgreiche Kreativprozesse beginnen oft damit, dass man bereit ist, festgefügte Ansichten zu erschüttern. Nach dem Biochemiker Albert Szent-Györgi beruht kreatives Denken darauf,»etwas Beliebiges wie jeder andere zu sehen, sich aber etwas ganz anderes dabei zu denken«. Und der Journalist Robert Wieder hat gesagt: »Jedermann kann sich über Mode in einer Boutique oder über Geschichte in einem Museum informieren. Der kreative Entdecker sucht nach Geschichte im Eisenwarenladen und nach Mode im Flughafen.«

Natürlich gibt es Gegenbeispiele. Der Müßiggang, das Nichtstun, der Zustand der Langeweile, der Blick auf die weiße Wand führen zum Gedankenblitz. Vielleicht liegt das Geheimnis im Wechsel verborgen: Wenn bei mir die ständige Reizüberflutung den Kreativfluss verstopft, setze ich mich vor die weiße Wand und gelange im Zustand der Langeweile zur Idee. Und wenn ich mich bei der Wiederholung des Immergleichen langweile, wechsle ich in der Bahn den Sitzplatz, sorge also für eine andere Umgebung, andere Umstände, andere Rahmenbedingungen.

CHANCE STATT CHANGE

Für mich jedenfalls gilt: Oft ist es der Wechsel der Umstände, der zur Kreativität führt. Der Blick auf die weiße Wand mag in der einen oder anderen Situation weiterhelfen, oft ist jedoch das Gegenteil der Fall.

Wenn ich einen neuen Coaching- oder Trainingsauftrag erhalte, dann oft deswegen, weil sich meine Kunden schon länger in einer Sackgasse befinden. Sie suchen dann nach neuen, kreativen Ansätzen für ihre Problemlösung. Sie hoffen auf den großartigen Gedankenblitz, zu dem ich ihnen verhelfen soll. Ich versuche es oft zunächst mit den kleinen Dingen: Die Kunden suchen immer vom selben Platz aus, und das im wortwörtlichen Sinn. Sie setzen sich in ihre Bürostühle und schauen auf ihre Bildschirme, die Wände in ihren Büros oder aus dem Fenster – und sehen dabei immer das Gleiche. Kreativität ist dabei weit und breit nicht in Sicht. So erging es auch mir damals im Zug, als ich von der Hoffnung, die Idee käme jetzt gleich um die Ecke geflogen, enttäuscht wurde. Heute finden meine Termine mit meinen Kunden nie in deren Büros, Schulungsräumen oder in einem Standard-Tagungshotel statt – also nie in der gewohnten Umgebung, sondern immer in der ungewohnten. Was das konkret ist, darüber entscheiden die kommunikativen Gewohnheiten des Kunden. Mein Vorteil ist, dass ich häufig mit meinem Coaching-Mobil unterwegs bin und dem Kunden oft schon deswegen eine ungewöhnliche Umgebung bieten kann, die seine Kreativ-Zellen zum Rotieren bringt.

Zu Beginn eines Beratungsprozesses frage ich den Kunden immer, wie er seine Problemlösungen normalerweise angeht – und mache dann genau das Gegenteil. Wenn er immer nur im Büro sitzt, gehe ich mit ihm in ein Lokal. Ist er meistens unterwegs, suche ich einen ruhigen Ort, wo wir ungestört über Lösungsideen sprechen können. Entscheidend ist, einen neuen Standort aufzusuchen, um so zugleich einen neuen Standpunkt und Zugang zu finden. Mein Ziel ist es nicht, den anderen Menschen – oder mich selbst – zu verändern, sondern das Angebot zu unterbreiten, etwas auch einmal aus einer anderen als der üblichen Perspektive wahrzunehmen.

29 WER GEMEINSAMKEITEN BETONT UND SICH AUF HARMONISCHE LÖSUNGEN FOKUSSIERT, GEWINNT!

An die schönen und erfolgreichen Dinge des Lebens erinnert man sich immer wieder gerne. Und darum ist es, als ob es gestern passiert wäre: An einem Wochenende im März 2007 wurde dem Weiterbildungsinstitut, bei dem ich damals angestellt war und die Position des Vertriebsdirektors innehatte, und mir vom Bund Deutscher Verkaufsförderer und Trainer (BDVT) auf der didacta in Köln der Internationale Trainings-Preis in Silber verliehen. Wir erhielten den Preis für das Konzept »Tandem-Training und Coaching für die Unternehmensnachfolge«. Auftraggeber war die Hansetrans Holding GmbH aus Hamburg.

EVOLUTION STATT REVOLUTION – ANPASSUNG STATT RADIKALER WANDEL

Christian Adolff, der Sohn des Gründers, und Hans-Joachim Schmidt, dessen Schwiegersohn, sollten als Geschäftsführer in das Top-Management der übergeordneten Holding wechseln. Um den Prozess zu initiieren, zu unterstützen und zu begleiten, wurde ich als Unternehmenscoach und Vertriebstrainer beauftragt, die beiden Nachfolger zu einem Führungsteam zusammenzuschweißen und ihre Kompetenzen auszubauen.

Der Hintergrund: Das Logistikunternehmen wollte frühzeitig die Unternehmensnachfolge klären, nachdem feststand, dass sich Firmengründer Holger Max Adolff zurückziehen würde. Im Mittelpunkt des Prozesses, der vier Jahre zuvor gestartet war, stand die Überlegung, das Unternehmen fit zu machen für die Bewältigung zukünftiger Aufgaben – und gleichzeitig die Familientradition zu wahren.

Dieser Auftrag, das prämierte Konzept und die Zielsetzung haben mich in meiner Einstellung und Arbeit bis heute stark geprägt, auch wenn das Projekt im ersten Moment so gar nichts Spektakuläres an sich hatte. Ich weiß noch, wie der Firmengründer mir bei einem Abendessen klar machte, um was es ihm vor allem ging, nämlich um Evolution statt Revolution. Revolution vollzieht sich sprunghaft und schnell, eruptiv und heftig wie ein Vulkan. Das Unterste wird zuoberst gekehrt, eine Revolution wird oft mit und unter Schmerzen geboren. Eine Evolution hingegen verläuft in langsamen Entwicklungsschritten – ein langer Atem ist vonnöten. Es geht um vorsichtige Anpassungen ohne radikalen Wandel.

Der Firmengründer nun wollte einen geordneten Wechsel an der Spitze herbeiführen und die unterschiedlichen Sichtweisen, Charaktere und Verhaltenstypen miteinander vereinbaren und harmonisieren. Nicht der radikale und revolutionäre Change in der Unternehmensstruktur stand für ihn im Vordergrund – trotz des Wechsels der Geschäftsführung sollte bei allen notwendigen Veränderungsimpulsen die Familientradition und somit auch die Unternehmensphilosophie und Unternehmenskultur mit in die Zukunft genommen werden. Und diese evolutionäre Zielausrichtung schlug sich personell darin nieder, dass ein Führungsduo, ein Tandem, in der Führungsspitze etabliert wurde: Sohn und Schwiegersohn sollten zu einem Führungsteam zusammenwachsen, das sich optimal ergänzt – auf fachlicher wie auf menschlicher Ebene.

Das wichtigste Ergebnis der evolutionären Personalentscheidung war: Die Problematik der Unternehmensnachfolge konnte erfolgreich gelöst werden. Die Holding wird seitdem als Konzern in Familienverantwortung weitergeführt. Für das Tandem-Training und die Coaching-Maßnahmen, die dazu erfolgreich eingesetzt wurden, wurden jenes Institut, der Auftraggeber und ich schließlich in Köln ausgezeichnet.

Da wir nicht wussten, welchen Trainingspreis genau wir gewinnen würden, waren wir alle sehr aufgeregt. Das Trainingsinstitut hatte zwar schon mehrere solcher Preise gewonnen – und damit indirekt auch ich. Aber das hier war etwas anders gelagert, das war emotionaler: Bei diesem Projekt war ich persönlich beteiligt, meine Überzeugung und grundsätzliche Einstellung zur evolutionären Weiterbildung von Menschen und Organisationen stand zur Disposition. So empfand ich es jedenfalls. Würde meine Überzeugung, die ich mit dem Firmengründer teilte und die bis heute, bis zu diesem Buch, das Sie jetzt in Händen halten, zu meinen Grundüberzeugungen zählt, belohnt werden? Und dann der erhebende Augenblick, als es hieß: »And the winner is ...«

Es ist durchaus möglich, dass diese Prämierung dazu beigetragen hat, dass sich die Überzeugung bei mir noch verfestigt hat, es sei Erfolg versprechender und effektiver, in evolutionären und eher ruhig-sanften Anpassungsschritten zu denken und zu agieren als in revolutionären Umwälzungskaskaden. Und das gilt auch und insbesondere für Innovationen.

CHANCE STATT CHANGE

In dem konkreten Coachingprozess mit den beiden Nachfolgern, Christian Adolff und Hans-Joachim Schmidt, kamen damals vor allem Methoden und Techniken zum Einsatz, die auf Harmonisierung und den sanften Übergang abzielen. Ziel war es, die Coaching-Themen alltagstauglich zu gestalten. Darum wurden wir mit dem Tandem-Training, der Aufstellungsarbeit, der Mediation und der Persönlichkeitsentwicklung Methoden eingesetzt, die wenig oder nichts mit eruptiven und revolutionären Umstürzen zu tun haben. Wenn im Coaching etwa familiäre und private Themen angesprochen werden sollten, geschah dies in der ungezwungenen und entspannenden Atmosphäre des Wellness-Bereiches in einem Hotel.

Einmal habe ich den Nachfolgern die Aufgabe gestellt, gemeinsam ein Gartenhaus zu bauen. Die beiden haben dann gemeinsam etwas geschafft, ja erschaffen, und das hat ihr Verständnis füreinander enorm gestärkt. Der Erfolg des gemeinsamen Handelns ist bei solch einer handwerklichen Aufgabe mit den Händen greifbar und damit ganz konkret und sehr authentisch. Ähnlich verhielt es sich mit der Aufgabe, gemeinsam einen Baum zu fällen, um ein Konfliktthema über ein gemeinsames Hobby anzugehen und zu lösen. Auch hier ging es mir darum, die Gemeinsamkeiten zu betonen und einen harmonischen Weg zur Kooperation zu ebnen.

30 WER MENSCHEN ZU EINEM BESSEREN ZUSTAND VERHELFEN WILL, DARF NICHT DIE GROSSE VERÄNDERUNG ANSTREBEN, SONDERN NUR DIE VORÜBERGEHENDE VERBESSERUNG

Manche Themen lassen sich nicht so einfach in einem Seminarraum, Meetingraum oder im Büro ansprechen. Es gibt Probleme, die brauchen eine bestimmte Umgebung, wollen wir sie einer Lösung zuführen. Dann helfen ein Ortswechsel, ein Standortwechsel, die Verschiebung der Perspektive, der Rahmenbedingungen und der Umstände weiter. Das sind probate Mittel, um sich neuen, kreativen Problemlösungswind um die Nase wehen zu lassen (siehe dazu auch Change Fuck 28).

Gerade bei der persönlichen Performance ist es wichtig, dass die Teilnehmer ihren Standpunkt überdenken und vielleicht sogar optimieren. Darum nutze ich bei Coachings, in denen sehr persönliche, private und emotional berührende Themen im Fokus stehen, eine einfache Methode, die die Teilnehmer motiviert, das Alltagsgeschäft hinter sich zu lassen oder gar für einige Augenblicke zu vergessen: Ich gehe mit ihnen spazieren. Der Walk to Talk erleichtert meistens den Standpunktwechsel.

Laufen, um zu sprechen – das hat auch bei Michael geholfen. Er ist Vertriebsdirektor bei einem mittelständischen Unternehmen in Hamburg. Wir kennen uns schon lange, und darum duzen wir uns. Während unseres Spaziergangs an der Elbe besprechen wir ein Thema, das in Führungskreisen gar nicht so selten ist: »Seele statt Packeis«, lautet unser heutiges Coaching-Thema. »Wie soll ich meine Mitarbeiter mit Herzblut und Leidenschaft führen, wenn nackte Zahlen und Ergebnisdruck mehr und mehr dominieren?«, fragt Michael gleich am Anfang unseres Gesprächs. Dabei sind wir uns schnell einig, dass es als Führungskraft zu seinen dringlichsten Aufgaben gehört, Zustände zu managen und seiner Verkaufsmannschaft zu helfen, ihre Aufgaben bestmöglich zu erledigen.

Als Vertriebsdirektor ist er ein Zustandsmanager, der die Mitarbeiter dabei unterstützt, in einen guten Zustand zu gelangen. »Was heißt das?«, fragt er mich leicht irritiert. »Geht es darum, als Animateur und Pausenclown für launige Stimmung zu sorgen?« Nein, natürlich nicht! »Du sorgst dafür, dass deine Mitarbeiter sich als Persönlichkeiten wertgeschätzt fühlen. Sie sollen spüren, dass sie gebraucht werden und etwas Besonderes leisten. Dann sind sie meistens gerne bereit, ihren Aufgaben nachzukommen und hoch motiviert ihr Bestes zu

MAN MUSS NICHT VERRÜCKT SEIN, UM MIT MIR ZU ARBEITEN – ABER ES HILFT

geben – für das Unternehmen, für die Vertriebsabteilung, für die Kollegen, aber auch für sich selbst. Denn wir alle wollen unseren Arbeitsplatz erhalten und das sichere Gefühl haben, dass wir uns dort frei entfalten können. Gelingt dies, fühlen sich deine Mitarbeiter emotional an ihren Arbeitsplatz und das Unternehmen gebunden.«

Wenn sich die Mitarbeiter also im emotionalen Jammertal befinden und dort wehklagen und sich beschweren, ist es die Aufgabe eines Zustandsmanagers, sie von Problemsuchern zu Lösungsfindern zu machen, die davon überzeugt sind, Probleme konstruktiv lösen zu können.

»Aber lassen sich denn Menschen so einfach von Problemsuchern zu Lösungsfindern verändern?«, wollte Michael damals auf unserem Spaziergang wissen.
Und damit waren wir wieder einmal bei meinem Lieblingsthema angelangt:
Es geht um Verbesserungen, nicht um Veränderungen, auch beim Zustandsmanagement!

CHANCE STATT CHANGE

Zustände sind vorübergehend. Sie können wechseln. Heute sind wir zu Tode
betrübt und würden uns am liebsten für immer und ewig unter der Bettde-
cke verkriechen – morgen begrüßen wir himmelhoch jauchzend den neuen
Tag. Beides ist in uns angelegt. »Freudvoll und leidvoll (...) himmelhoch
jauchzend, zum Tode betrübt«, heißt es bei Johann Wolfgang von Goethe im
Egmont, der ja auch von den »zwei Seelen in unserer Brust« gesprochen hat.

Es kann aber nicht das Ziel sein, nun aus einem zu Tode betrübten Menschen
einen immer gut gelaunten zu machen. Der Mensch hat nun einmal ständig
Stimmungsumschwünge. Ein Zustandsmanager versucht aber, einem Mitarbeiter, der sich im Depri-Tal befindet, zu helfen, das Tal zu verlassen – wohl
wissend, dass sich dieser Mitarbeiter nicht für immer und ewig auf den optimistischen Berggipfeln wird bewegen können. Der Absturz ins Jammertal ist
wohl unausweichlich. Das heißt: Der Zustandsmanager strebt nicht die Total-
verwandlung des Mitarbeiters an, er will ihm nur zu einem Zustand verhelfen,
in dem es ihm leichterfällt, Ziele zu erreichen und Vorhaben umzusetzen.

Zurück zu dem Spaziergang an der Elbe und dem Gespräch mit Michael, dem
ich verdeutliche: Mitarbeiterführung durch Zustandsmanagement hat viel mit
heißen Gefühlen und lodernden Emotionen zu tun. »Seele statt Packeis« – en-
gagierte Mitarbeiter, die für ihre Arbeit brennen, leisten mehr. Das Beratungs-
unternehmen Gallup belegt jedes Jahr in seinen Umfragen bei Deutschlands
Arbeitnehmern: Je höher die emotionale Bindung, desto begeisterter und

enthusiastischer setzt sich ein Mitarbeiter für sein Unternehmen ein, desto loyaler verhält er sich, desto produktiver ist seine Arbeitsleistung.

»Wenn erfolgreiches Zustandsmanagement vor allem mithilfe emotionaler Mitarbeiterführung funktioniert: Was kann ich denn dann tun?«, fragt Michael erwartungsvoll. Meine Antwort: »Wichtig ist: Führe nicht nur mit Verstand und Zielen, mit Zahlen, Daten und Fakten, sondern auch mit Herzblut und Leidenschaft! Keine Zielvereinbarung mehr ohne emotionale Verknüpfung! Baue nach wie vor eine Zielvereinbarungskultur auf und lege im Konsens mit den Mitarbeitern Umsetzungsaktivitäten fest. Aber führe zugleich mit Leidenschaft und Emotionen. Entwickle die Mitarbeiter von lediglich Betroffenen zu emotional Beteiligten, baue eine auch persönlich-privat gefärbte Beziehung zu ihnen auf, entwickle eine bunte Vision von eurer Vertriebskultur, male deren Zukunft in leuchtend-begeisternden Farben, führe die Mitarbeiter multisensorisch, sprreche sie auf allen Sinneskanälen an. Erläutere ihnen das emotionale Warum ihrer Arbeit – und bleibe dabei so konkret wie möglich!«

So meine Rede. Mein letzter Hinweis für Michael lautet: »Veränderungen sprechen immer den Verstand an: ›Verändere dich!‹ Bei Verbesserungen gilt: ›Werde besser‹ – und das weckt die positiven Gefühle aller Beteiligten. So veränderst du nicht nur die Vertriebsstruktur, sondern verbesserst die Motivation und Kooperation jedes einzelnen Mitarbeiters.«

Es dauerte keine zwei Monate, bis Michael mir am Telefon mitteilte, dass ein Ruck durch die Mannschaft gegangen sei und jetzt alle viel mehr Spaß bei ihren Aufgaben hätten. Als ich ihn fragte, woran er das festmache, sagte er: »Die lächeln alle mehr, und es gibt weniger Probleme ohne Lösung, aber immer öfter konkrete Verbesserungsvorschläge.«

»Und wie hast du das geschafft?«, wollte ich wissen. »Ich habe mir die Zeit genommen und mit jedem Mitarbeiter ein ausführliches Vieraugengespräch geführt«, antwortete Michael. »Ich habe jeden Mitarbeiter gefragt, wofür er innerlich brennt und welche Ziele er in seinem Leben und beruflich verfolgt.

Und dann haben wir seine persönliche Vision mit konkreten Zielvereinbarungen verknüpft. Das hat fast immer geklappt und zu einem Motivationsschub geführt.«

31 WER HOCH WIE EIN ADLER FLIEGEN WILL, MUSS LOSLASSEN, WAS IHN IN DIE TIEFE ZIEHT

Seit ich denken kann, bewundere ich den Adler. Dieses Geschöpf begleitet mich schon mein ganzes Leben lang. Darum habe ich alles, was es über dieses stolze Tier zu wissen gibt, wie ein Schwamm aufgesogen.

Schon früher habe ich auf meinen Reisen gerne die eine oder andere Falknerei besucht. So durfte ich schließlich Pierre Schmidt in seiner Falknerei bei Köln kennenlernen. Mit ihm verbindet mich heute eine tiefe Freundschaft. Entstanden ist diese Freundschaft nicht nur, aber auch durch das gemeinsame Interesse und die gemeinsame Liebe zu dem majestätischen Adler.

Auf gewisse Art und Weise spiegelt sich meine Lebensphilosophie in dem Adler wider, sodass ich die Metapher vom Adler als Lösungsfinder und von der Ente als Problemsucher auch in meinen Seminaren, Vorträgen und vor allem Büchern eingebaut habe. Auch in diesem Buch ist sie Ihnen schon begegnet, und vielleicht kennen Sie meine Bücher *Ente oder Adler: Vom Problemsucher zum Lösungsfinder* und *Quakst du noch oder fliegst du schon? Die 33 Adler-Prinzipien*.

Die Enten-Adler-Philosophie lässt sich folgendermaßen auf den Punkt bringen: Vielleicht waren Sie auch schon einmal mit einer Herausforderung konfrontiert, bei der Sie voller Engagement an die Lösung herangegangen sind: »Der Markt ist schwierig – aber ich werde es schaffen!« Am nächsten Tag aber schon sind Sie bei einer anderen Aufgabe verzagt und ängstlich: Die Problemorientierung verstellt Ihnen den freien Blick, über den Tellerrand hinaus, auf die Lösung. Es ist wie bei Goethe: »Zwei Seelen wohnen, ach! in meiner Brust«: Beides ist in uns angelegt – Problemorientierung und Lösungsorientierung – oder eben: Adler-Verhalten und Enten-Verhalten. Heute suhlen wir uns wie Enten im Problem und schimpfen nörgelnd und quakend über die ach so schlimmen Umstände – morgen erheben wir uns in die Lüfte und lösen es!

ES IST WUNDERBAR, AUCH EINMAL MIT DEM, WAS MAN ERREICHT HAT, GLÜCKLICH UND ZUFRIEDEN ZU SEIN

Kehren wir zurück in die Falknerei bei Köln: Es ist wichtig für mich, dass die Adler »freiwillig« bei Pierre sind und sie jeden Tag davonfliegen können. Alle Vögel, die bei meinem Freund in Obhut sind, wurden ihm von anderen Menschen gebracht, er hat sie nicht eingefangen. Sie wurden ihm gebracht, weil sich die Tiere verletzt haben oder weil sie verletzt, ja sogar vergiftet wurden.

Pierre, den sie auch den Adler-Flüsterer nennen, hat mir viel über diesen wunderbaren Vogel beigebracht. Und wann immer ich kann, helfe ich ihm und unterstütze ihn bei seiner Arbeit. So auch an dem Wochenende, von dem ich nun erzählen möchte: Es war ein sonniger Herbsttag, und ich konnte beobachten, wie der Steppenadler Askari auf mich zusteuerte. Beim ersten Mal kann einem das Herz schon in die Hose rutschen. Immerhin hat ein Steppenadler eine Körperlänge von etwa 62 bis 74 Zentimeter und eine Flügelspannweite um die 180 Zentimeter. Als Askari auf mich zustürzte, konnte ich nur noch denken: Hoffentlich sieht er den Falkner-Handschuh und weiß, dass er darauf landen soll! Ich kann Ihnen verraten: Askari wusste, was er zu tun hatte!

Mittlerweile sind Landungen auf meinem Falkner-Handschuh schon zur Gewohnheit geworden, und ich genieße es, wenn Adler mit einer Flügelspannweite von bis zu 2,5 Metern auf mich zufliegen, nachdem sie hoch oben am Himmel ihre Kreise gezogen und sich von der Thermik getragen immer weiter in die Lüfte emporgeschraubt haben. Meinen Respekt vor diesen Tieren habe ich allerdings nie verloren und werde ihn auch nie verlieren.

Wenn ich den Adlern zuschaue, fühle ich mich frei und kann mit ihren Augen sehen. Es ist herrlich, mit Abstand auf die Erde zu schauen. Ich bekomme einen Überblick über das, was mich hier unten auf der Erde beschäftigt. Alles erscheint so klein, aber auch klar. Die Perspektive verschiebt sich, der Blick durch die Augen des majestätischen Tieres auf das, was hier unten auf der Erde herum wuselt, rückt vieles in ein anderes Licht und lässt es klein und unbedeutend erscheinen. Mir gelingt es dann, auch einmal mit dem zufrieden zu sein, was ich erreicht habe.

CHANCE STATT CHANGE

Genau das mache ich, wenn ich vor einer Aufgabe oder Herausforderung stehe: Ich versetze mich gedanklich in die Lage eines Adlers. Ich starte meinen mentalen Adlerflug. Fliege höher und höher, lasse mich von der Thermik nach oben ziehen, ganz ohne Anstrengung. Lasse das los, was mich nach unten zieht, und schaue mir die Sache aus der Ferne an. Plötzlich blicke ich über den Rand hinaus. Ich sehe die Lösung klar vor Augen – eine Lösung, die ich unten auf der Erde nicht finden konnte, weil der Blickwinkel dafür nicht geeignet war.

Von größter Bedeutung für mich ist, dass mir diese Meta-Perspektive, bei der ich die Dinge von oben und aus der Distanz betrachten kann, hilft, bestimmte Dinge loszulassen. Und zwar diejenigen Dinge, die meinem Ziel, mich weiterzuentwickeln und mich zu verbessern, im Wege stehen. Mir geht es darum, mich zum Regisseur meines Lebens zu machen. Die dazu notwendigen Kompetenzen sind aus meiner Sicht die Fähigkeit zur Selbstreflexion, um das eigene Handeln und Verhalten zu steuern, und die Bereitschaft, sich selbstkritisch infrage zu stellen, Fehler einzugestehen und konstruktiv mit ihnen umzugehen. Um dies zu leisten, sind die lösungsorientierte Adler-Einstellung und die Selbstdistanzierung wichtige Voraussetzungen. So gelingt es mir häufig, Gestaltungshindernisse aus dem Weg zu räumen. Dazu gehören auch die Selbstzweifel, die oft selbst an erfolgreichen Menschen nagen. Mein innerer Coach sorgt dann dafür, dass ich mich an meine Stärken erinnere und mich darauf fokussiere, diese Stärken für die Bewältigung einer schwierigen Situation zu nutzen: »Welche meiner vorhandenen Kompetenzen helfen mir, diese Herausforderung anzunehmen und zu bewältigen?«

Dazu brauche ich keine großartigen Veränderungen, sondern die Konzentration auf das, was vorhanden ist und ich nun bestmöglich nutze und einsetze.

32 MACH DIR GEDANKEN ÜBER DEINE GEDANKEN

Heute habe ich mir vorgenommen, sehr früh zur Arbeit zu gehen, um meinen Rückstand aufzuarbeiten, der sich in den letzten Wochen aufgestaut hat. Allerdings werde ich dann von den ersten Sonnenstrahlen, die durch mein Schlafzimmerfenster fallen, geweckt. Das kann doch nicht sein! Ich stelle fest, dass es in der Nacht einen Stromausfall gegeben hat. Der elektronische Wecker zeigt 2:34 Uhr an, aber wir haben schon fast acht Uhr. Hätte ich doch, wie sonst immer, auch gestern sicherheitshalber den Wecker meines Smartphones gestellt.

Schnell stehe ich auf, gehe ins Bad. Die Zahnpasta ist vertrocknet, ich habe vergessen, die Tube zu schließen. Nur mit Müh und Not bekomme ich einen kleinen Rest heraus. Leider muss ich auch noch feststellen, dass kein Klopapier mehr vorhanden ist. Mist, denke ich, zu spät.

Bevor ich mich auf den Weg mache, trinke ich schnell einen schönen heißen Schluck von dem frisch aufgesetzten Kaffee. Leider bekommt mein frisches Hemd auch einen Schluck von dem Kaffee ab. »Na super!«, fluche ich laut. Nachdem ich mein Hemd gewechselt habe, mache ich mich sofort auf den Weg ins Büro. Auf der zweispurigen Strecke schert ein Kleinwagen bereits einen Kilometer vor dem LKW auf die linke Seite aus, um zu überholen. Ich muss von 120 Kilometern pro Stunde auf 80 herunterbremsen. Dadurch erreiche ich die Ampel leider nur noch bei Rot.

LÖSE DIE PROBLEME DEINER MITMENSCHEN - UND DU LÖST DEINE EIGENEN

Zwischendurch höre ich meine Mailbox ab und finde eine Nachricht von meinem derzeit wichtigsten Kunden: Er braucht die Auswertung, die ich ihm bis morgen Mittag versprochen habe, doch schon heute, und zwar spätestens bis zwölf Uhr. Ob ich das noch schaffe?

Während ich die Nachricht höre und der Panikpegel steigt, springt die Ampel auf Grün, und der ungeduldige Typ hinter mir fängt sofort an zu hupen. Endlich am Büro angekommen, muss ich feststellen, dass mein Stammparkplatz belegt ist. Vor lauter Hektik habe ich auch noch meinen Büroschlüssel vergessen und muss klingeln. Das passiert nicht oft, aber es passiert hin und wieder.

Wann, glauben Sie, wissen meine Mitarbeiter, wie der heutige Tag und die Zusammenarbeit mit mir verlaufen werden? Jawohl, sie können das einschätzen, sobald mein Klingeln ertönt. Mein Klingeln, die Art und Weise, wie ich das Büro betrete und die Mitarbeiter begrüße: All dies führt dazu, dass sie wissen, was die Stunde geschlagen hat. Es steht zu befürchten, dass ich aufgrund der Hektik während der Fahrt ins Büro in einem Zustand bin, der mich ungeduldig und gereizt werden lässt.

Und ehrlich gesagt: Es fällt mir schwer, mich in einen Zustand zu versetzen, der verhindert, dass ich die Mitarbeiter ungerecht behandle und meinen aufgestauten Ärger an ihnen auslasse. Hand aufs Herz: Passiert Ihnen das nicht auch manchmal? Wir wissen ganz genau, wie kindisch dieses Verhalten ist und dass wir eine Machtposition ausnutzen, obwohl wir das gar nicht wollen. Aber es ist uns kaum möglich, dagegen anzukämpfen, uns zu benehmen wie der Vater in der Geschichte von der Familie, in der der Vater die Mutter lautstark zurechtweist, die Mutter ihren Ärger an ihrem Kind auslässt und es ausschimpft, das frustrierte Kind schließlich den Hund schlägt, und der Hund den Vater beißt. Der Kreislauf beginnt von vorne.

Das Problem dabei: Wie kann ich von meinen Mitarbeitern verlangen, dass sie ihrerseits im Kundengespräch freundlich bleiben und kundenorientiert vorgehen, obwohl sie in einem emotional schlechten Zustand sind, wenn ich selbst nicht dazu in der Lage bin? Wenn ich es nicht schaffe, bei meiner Führungsarbeit von persönlichen Animositäten abzusehen? Oder anders formuliert: Wie soll ich Mitarbeiter führen, wenn ich mich selbst nicht im Griff haben, mich selbst nicht führen kann? Zumindest wird es meine Führungsarbeit erschweren, wenn ich nicht als positives Vorbild wirke. Wir wirken immer – und als Führungskraft ganz besonders.

Viele meiner Unternehmenskunden aus dem Führungskräftebereich stecken in einem ähnlichen Dilemma wie ich an diesem Morgen, an dem so ziemlich alles schiefgelaufen ist, was nur schieflaufen kann. Wenn die Führungskräfte denken, die Ziele, die ihnen die Unternehmensführung vorgegeben hat, seien nicht zu erreichen, wie sollen dann ihre Mitarbeiter daran glauben? Welche zusätzlichen Anstrengungen wird zum Beispiel ein Verkaufsteam unternehmen, um die Ziele dennoch zu erreichen, wenn nicht einmal der Chef wirklich daran glaubt und dieser selbst ohne Überzeugungskraft und Begeisterung an der Umsetzung eines Projekts arbeitet? Um es auf den Punkt zu bringen: Wie will ein Mensch, der selbst nicht für eine Sache brennt, andere Menschen für diese Sache begeistern?

CHANCE STATT CHANGE

Wir sind also bei dem Thema »Vorbildwirkung« angelangt. Wenn Sie keine Freude und Selbstverwirklichung bei Ihrer Tätigkeit finden, wie möchten Sie das dann bei Ihren Mitarbeitern erreichen? Wenn Sie selbst nicht gern Fehler zugeben, warum sollte es ein Mitarbeiter tun?

Meine Antwort lautet: Wir sollten gar nicht erst versuchen, uns zu verändern. Das klappt nicht, das funktioniert selten. Was wir tun können, ist, schrittweise zu Verbesserungen in unserem Verhalten zu gelangen. Nachdem ich mir an jenem Morgen meines kindischen Verhaltens bewusst geworden war, nahm ich mir fest vor, in solchen Situationen nicht immer nur mein Ego in den Mittelpunkt zu rücken. Natürlich ist jeder Mensch der Mittelpunkt seiner Welt. Aber jeder Mensch sollte anderen Menschen so dienen und nützen, dass diese sich wiederum als Mittelpunkt ihrer jeweiligen Welt fühlen können. Es gilt: »Löse die Probleme deiner Mitmenschen – und du löst deine eigenen.« Der Mensch dient dem anderen Menschen, die Führungskraft ihren Mitarbeitern und ihren Kunden.

Wenn Sie jetzt einwenden: »Lieber Herr Hagmaier, Sie verlangen nicht mehr und nicht weniger, als dass der Mensch sich ändere!«, erwidere ich: »Nein, wir müssen uns nicht verändern. Wir müssen nur, wenn es uns verlangt, Mitarbeiter ungerecht zu behandeln, weil wir mit Verspätung zur Arbeit gekommen sind oder andere unerfreuliche Dinge erlebt haben, uns selbst zurufen: ›Stopp, lass deinen Frust jetzt nicht an anderen aus! Es ist dein Fehler, wenn du zu spät zur Arbeit kommst. Sieh zu, dass du bis zwölf Uhr die Zusammenfassung für den wichtigen Kunden fertig hast!‹« Das ist alles. Und doch so viel.

33 WENN DER AUFSTIEG EINEN ABSTIEG BEDEUTET, SOLLTEN WIR BEI DEM BLEIBEN, WAS UNS GLÜCKLICH UND ZUFRIEDEN MACHT, AUCH WENN ES WIE EIN RÜCKSCHRITT AUSSIEHT

Ich möchte Ihnen von der Entscheidung eines Teilnehmers aus einem meiner Trainings berichten – eine Entscheidung, die meine ganze Hochachtung verdient. Der Teilnehmer war (und ist jetzt wieder) ein ausgesprochen hervorragender Kundenberater. Er war bereits Prokurist, als in der Firma die Position eines Vorstandsmitgliedes vakant wurde. Als Prokurist wäre er der Nächste für diese Aufgabe gewesen. Selbstverständlich hatte er sich auch, wie alle es von ihm erwarteten, offiziell um die Position beworben.

Die Ausschreibung dauerte einige Zeit, und es wurden auch externe Bewerbungen in die engere Auswahl einbezogen. Während dieser Entscheidungsphase ging es dem exzellenten Kundenberater dermaßen schlecht, dass seine Familie, seine Kunden, die Qualität seiner Beratungen und zum Schluss auch seine Gesundheit stark darunter litten. Woran lag das?

In einem persönlichen Gespräch fand ich herus, warum er sich überhaupt für diese Position beworben hatte: Es war nicht die Aufgabe selbst, die ihn gereizt hatte; vielmehr war es der Druck von außen, der ihn bewogen hatte, sich um die Position zu bewerben. Er dachte, es würde von ihm erwartet, dass er noch weiter die Karriereleiter hinaufstiege. Nach gründlichem Überlegen stellte er aber fest, dass dies weder ihm noch seiner Familie wirklich wichtig war. Entscheidender war, dass ihm seine jetzige Tätigkeit viel Freude machte.

Und das auch, weil er die freie Zeit liebte, die ihm dadurch für seine Familie und seine Hobbys blieb.

Die Beförderung wäre also aus seiner Sicht eher einem emotionalen Abstieg gleichgekommen als einem Aufstieg. Im schlimmsten Fall wäre er sogar auf die Stufe der Inkompetenz befördert worden – Sie kennen ja wahrscheinlich das berühmt-berüchtigte Peter-Prinzip, nach dem in einer Hierarchie jeder Beschäftigte dazu neigt, bis zur Stufe seiner eigenen Unfähigkeit aufzusteigen. Und es ist eben so, dass ein Topverkäufer oder Kundenberater nicht unbedingt automatisch auch eine Spitzenführungskraft ist. Darum gibt es Situationen, in denen der Schuster vielleicht besser bei seinen Leisten bleiben sollte, weil eine positive berufliche Veränderung eher einen Rückschritt bedeuten würde – positiv in dem Sinne, dass die Beförderung mehr Verantwortung, mehr Reputation, einen höheren sozialen Status und auch mehr Geld mit sich bringen würde.

Nach diesem Erkenntnisprozess verloren für jenen Kundenberater die Erwartungen der anderen und der Außenwelt vollkommen an Bedeutung. Er zog seine Bewerbung zurück und behielt die Position, die er innehatte – und wurde wieder zu jenem zufriedenen, gesundheitlich stabilen Menschen und guten Kundenberater, der er vorher gewesen war.

CHANCE STATT CHANGE

Die respektable Entscheidung des Kundenberaters kommt mir wieder in den Sinn, als ich mit Oliver, einem guten Freund und zudem hervorragenden Speaker-Kollegen, zusammen in einem Hotel an der Bar sitze und Oliver mir berichtet, dass er sich momentan in einer schwierigen beruflichen Situation befände, und mich fragt, was er tun solle. Nachdem er mir sein Leid geklagt hat, erläutere ich ihm als Freund meine Sichtweise: »Wenn du als Führungskraft nicht gerne an den Unternehmensvorgaben arbeitest oder unter dem

Druck der Zielvereinbarungen leidest, dann überprüfe, ob es für dich vielleicht besser ist, dich selbstständig zu machen und dich auf ein Thema zu spezialisieren, das dir am Herzen liegt und für das es natürlich auch einen Markt gibt. Lasse es nicht zu, dass du von Unlust befallen wirst und nur noch Dienst nach Vorschrift leistest oder vor lauter Stress deine Gesundheit riskierst. Das kannst und darfst du weder dir noch deinen Mitarbeitern antun. Wenn der Druck zu stark wird, wirst du keine Freude mehr an deiner Tätigkeit haben und immer weniger zukunftsorientierte Perspektiven erkennen können. Schlimmstenfalls bekommst du vielleicht auch noch ein Magengeschwür und fragst dich am Ende: ›Warum mache ich das alles überhaupt?‹« Letztendlich geht es immer darum, zu prüfen, ob man die Tätigkeit, die man ausübt, gerne ausübt. Und ob die Entscheidungen, die man trifft, mit dem Wertesystem, das einem wichtig ist, übereinstimmen.

WENN DIR ETWAS NICHT GEFÄLLT, ÄNDERE ES!

Oliver jedenfalls stimmt mir zu: »Als Führungskraft trage ich nicht nur für mich die Verantwortung, sondern auch für den Erfolg des gesamten Teams. Wenn ich meine Arbeit gerne, mit Liebe und Engagement ausübe, ist es gut für mich selbst, gut für das Unternehmen, aber ganz besonders gut für die Mitarbeiter. Und wenn das nicht möglich ist, ist es sinnvoller, seine Position als Führungskraft aufzugeben und sich zum Beispiel selbstständig zu machen, um seine Vorstellungen, Ideen und Träume zu realisieren.«

Mir haben die Geschichte mit dem Kundenberater und das Gespräch mit Oliver dreierlei gezeigt: Wenn eine objektiv gesehen positive Veränderung wie eine Beförderung für einen Menschen einen Rückschritt bedeutet, dann sollte er die Veränderung Veränderung sein lassen und bei dem bleiben, was ihm Spaß macht und ihn antreibt. Es gibt jedoch Situationen, wie die von Oliver, in denen es sinnvoll ist, die Veränderung zu wagen. Und drittens schließlich: Nichts setzt mehr Energie frei, als wenn man sich in einem ehrlichen Gespräch mit einem Freund Klarheit über seine Gedanken verschafft. Das lässt sich kaum beschreiben, das muss man erleben dürfen. So wie Oliver und ich.

34 DIE GEWINNER-FORMEL LAUTET: ANPASSUNG STATT VERÄNDERUNG!

Der Tag war so lala, nicht gut und nicht schlecht, zumindest war ich nicht so richtig mit mir und der Welt zufrieden. Vielleicht kennen Sie auch solche Tage: Alles war okay. Aber es gab auch keine besonderen Highlights. Früher habe ich mich dann einfach treiben lassen. Oder ich habe irgendetwas verändert, um zu erreichen, dass der Tag doch noch anders verlief und wurde. Doch egal, was ich getan habe, ich merkte schnell, dass es meistens keine gute Idee ist, aus diesem schlechten emotionalen Zustand heraus zu handeln.

WIR MÜSSEN UNS DER NATUR ANPASSEN, NICHT DIE NATUR UNS
Siegfried Wache

Darum passe ich heute mein Verhalten oft nur leicht an. Ich versuche nicht mehr, den emotionalen Zustand um jeden Preis zu verändern und in einen anderen, zum Beispiel positiveren Zustand zu gelangen. So auch an diesem Abend. Wenn es etwas beim Fernsehen gibt, wovon ich nicht genug bekommen kann, sind es Dokumentationen über die Geschichte der Menschheit. Für mich bedeuten solche Dokumentationen mentale Spaziergänge durch unsere Vergangenheit, die mich jedes Mal staunen lassen. An diesem Abend jedoch war es kein Film im Fernsehen, sondern die Lektüre eines Buches, die mich zu einem dieser mentalen Spaziergänge einlud.

Yuval Noah Harari gibt in seinem faszinierenden Buch *Eine kurze Geschichte der Menschheit* einen Überblick über die Geschichte der Menschheit von ihren prähistorischen Anfängen bis zur Jetztzeit. Der israelische Historiker beschreibt mit der kognitiven Revolution vor circa 70.000 Jahren, der landwirtschaftlichen Revolution vor ungefähr 12.000 Jahren und der wissenschaftlichen Revolution vor knapp fünfhundert Jahren die großen Revolutionen der

Menschheitsgeschichte. Er schlussfolgert, dass der Mensch die Fähigkeit zu schöpferischem und zu zerstörerischem Handeln besitze wie kein anderes Lebewesen. Die Menschheit stehe jetzt an einem Punkt, an dem sie entscheiden müsse, welchen Weg sie einschlagen wolle. Werden wir zur Krone der Schöpfung oder zum Schrecken des Ökosystems und damit zu unserem eigenen Totengräber? Ich frage mich, ob die Entscheidung der Menschheit nicht wieder einmal irgendwo zwischen diesen beiden extremen Polen liegen wird.

Mich hat dabei besonders fasziniert, wie Yuval Noah Harari verdeutlicht, dass es – zumindest bisher – dem Homo Sapiens immer wieder gelungen ist, sich im Vergleich zu anderen Spezies am besten an sich verändernde Umwelt- und Rahmenbedingungen anzupassen:

- Vor 500.000 Jahren gab es die ersten Neandertaler.
- Vor 300.000 Jahren gab es die erste prähistorische Feuernutzung.
- Vor 70.000 Jahren setzte die kognitive Revolution ein.
- Vor 45.000 Jahren erfolgte die Besiedelung Australiens.
- Vor 30.000 Jahren starb der Neandertaler aus.
- Vor 12.000 Jahren setzte die landwirtschaftliche Revolution ein.
- Vor 4.500 Jahren entstanden die ersten Imperien.
- Vor 2.500 Jahren entstand das Geldsystem.
- Vor 500 Jahren erfolgte die wissenschaftliche Revolution.
- Vor 200 Jahren kam es zur industriellen Revolution.
- Heute dominieren Atomwaffen und Intelligentes Design unser Denken und Handeln.

CHANCE STATT CHANGE

Aus meiner Sicht hat sich der Mensch dabei nicht wirklich verändert. Die Umstände und sein Umfeld haben sich vielleicht gewandelt. Doch der Mensch scheint nicht dazu geboren zu sein, um sich zu verändern. Zumindest nicht freiwillig. Ganz gleich, welchen Zeitabschnitt wir betrachten. Der Mensch hat sich aber immer angepasst. Natürlich bin ich kein Historiker. Aber ich ziehe aus der Buchlektüre den Schluss, dass in der Anpassung die große Leistung des Menschen liegt. Und in den Momenten, in denen sich der Mensch entwickelt und anpasst, verändert er die Dinge. Immerhin bringt ja auch Charles Darwin zum Ausdruck, dass immer die Spezies überlebt, die sich am besten anzupassen vermag.

Ähnliches gilt auch für Unternehmen. Dazu nur ein Beispiel: Die CSO Insights Sales Best Practices Studie, die regelmäßig von der Miller Heiman Group erstellt wird, hat 2016 analysiert, dass sich besonders erfolgreiche Weltklasse-Unternehmen dadurch auszeichnen und von eher durchschnittlichen Unternehmen unterscheiden, dass sie über die Fähigkeit verfügen, sich anzupassen. Die einmal jährlich angefertigte Studie erscheint seit elf Jahren und bietet Führungskräften Einblicke in die erfolgreichsten Verfahren in Vertrieb und Vertriebsmanagement im aktuellen B2B-Umfeld.

Für die Studie 2016 wurden unterschiedliche Personen vom Account-Manager bis zum Vorstand aus aller Welt befragt, um das Verhalten komplexer B2B-Vertriebsorganisationen zu analysieren. Es ging darum, die Erfolgsfaktoren für eine Weltklasse-Vertriebsleistung zu bestimmen. Einer der Erfolgsfaktoren ist die Anpassungsfähigkeit der Mitarbeiter. In der Studie heißt es (Seite 31): »In der Sales Performance Optimization Studie 2016 stellten wir eine starke Korrelation zwischen der Formalisierung des Vertriebsprozesses und der Fähigkeit fest, sich effektiver an Veränderungen anzupassen. Unternehmen mit beliebigen (25,5 Prozent) und informellen Vertriebsprozessen (44,1 Prozent) zeigten eine geringe Anpassungsfähigkeit. Solche mit formalisierten (56,6 Prozent) oder sogar dynamischen Prozessen (79,4 Prozent) waren am anpassungsfähigsten. Doch nicht nur das, sie steigerten auch ihre Vertriebsleistung.«

Dies ist für mich ein weiterer Beleg dafür, dass Anpassung wichtiger und erfolgsentscheidender ist als Veränderung.

35. WER SEINE ZIELE ERREICHEN WILL, MUSS MANCHMAL NUR BESSER UND ANDERS KOMMUNIZIEREN, STATT SICH ZU VERÄNDERN

Während ich in den letzten Zügen meines Buches liege – bald ist Abgabe beim Verlag! – und diesen Text schreibe, feiern wir den Tag des Glücks: Ja, der 20. März 2017 ist der offizielle Tag des Glücks! Auf *www.kleiner-kalender.de* lese ich: »Der Internationale Tag des Glücks wird am 20. März 2017 gefeiert. Der Aktionstag wurde im Juni 2012 durch die Vereinten Nationen beschlossen. Mit dem Tag soll die Bedeutung des Strebens nach Glück und Wohlbefinden bewusst gemacht werden. Glück und Wohlbefinden sind universelle Ziele und Bestrebungen der Menschen auf der ganzen Welt.«

Glück – das ist für mich auch das Privileg, die Möglichkeit zu haben, die eigenen Ziele zu realisieren. Das ist nicht allen, das ist nicht vielen Menschen auf der Welt vergönnt. »Wer seine Ziele verwirklichen möchte, muss zuweilen zu kleinen Kommunikationstricks greifen«, denke ich – und das erinnert mich an die folgende Geschichte, die ich mal in einem Vortrag gehört habe:

Ein älterer Mann in Phoenix ruft seinen erwachsenen Sohn in New York an und sagt am Telefon: »Ich hasse es, dir deinen Tag zu verderben, aber ich muss dir mitteilen, dass deine Mutter und ich dabei sind, uns scheiden zu lassen. Fünfundvierzig Jahre Elend sind einfach genug!« »Vater, was redest du denn da?«, schreit der Sohn entsetzt in den Hörer. »Wir halten gegenseitig unseren Anblick nicht mehr aus«, sagt der alte Mann. »Wir sind einander überdrüssig, und es macht mich krank, auch nur davon zu erzählen. Also ruf deine Schwester in Chicago an und sag es ihr!« Und er hängt auf.

Voller Bestürzung ruft der Sohn seine Schwester an, die bei der Nachricht explodiert:»Was um alles in der Welt glauben die denn? Sie wollen sich scheiden lassen? Warte, ich regle das!«Augenblicklich ruft sie in Phoenix an und schreit den alten Vater an:»Ihr lasst euch NICHT scheiden, hörst du? Ihr tut nichts, bis ich da bin. Ich rufe gleich meinen Bruder zurück, und wir werden beide morgen bei euch eintreffen. Bis dahin unternehmt ihr nichts, hast du mich verstanden?«Während der alte Mann den Hörer auflegt, dreht er sich zu seiner Frau um und sagt:»Sie kommen beide zu Weihnachten, Liebling, und ihren Flug zahlen sie auch selber.«

Diese Geschichte zeigt mir, dass es besser ist, zunächst einmal die Art und Weise meiner Kommunikation zu überdenken, bevor ich eine Veränderung vornehme, meine Ziele umformuliere oder auch nur meine Gewohnheiten anpasse. Der alte Mann aus Phoenix erreicht sein Ziel durch eine kleine Notlüge, aber zu Weihnachten wird die Familie glücklich zusammensitzen und über die Geschichte lachen. Denn die Reaktion der Kinder zeigt ja, dass ihnen ihre Eltern wirklich am Herzen liegen.

CHANCE STATT CHANGE

Ich stelle oft fest, dass ich so ähnlich vorgehe wie der alte Mann aus Phoenix: Bei einem Problem eröffne ich meinen Gesprächspartnern eine neue Perspektive auf dieses Problem: Ein Servicemitarbeiter erklärt mir wortreich und in den schillerndsten Farben, dass etwas nicht geht. Einem Coachee unterläuft immer wieder der gleiche Fehler, weil er nicht einsehen möchte, dass es besser ist, das Problem aus einer anderen Sichtweise zu betrachten. Die Menschen laufen aus den verschiedensten Gründen mit Scheuklappen durch ihr Leben und sind nicht in der Lage, über den Tellerrand zu schauen. Aber ebendort, fernab der eingefahrenen Hauptwege, auf den wenig beachteten Seitenwegen, liegen die Problemlösungen und warten darauf, von uns entdeckt zu werden. Darum ist es richtig, das Problem zu verlagern. Darum versuche ich, meinem Gesprächspartner eine weitere oder eine andere Sichtweise auf das Problem zu eröffnen.

Das beginnt schon damit, dass die Menschen überhaupt erst einmal erkennen müssen, dass sie ein Problem haben. »Es gibt keine Probleme, es gibt nur Herausforderungen«, bekomme ich dann zu hören. Das ist ein echter Change Fuck! Natürlich gibt es Probleme! Sie müssen halt nur gelöst werden. Wer den Begriff »Problem« verdrängt und konsequent durch »Herausforderung« ersetzt, drückt sich die rosarote Wahrnehmungsbrille auf die Nase und verleugnet die Tatsache, dass wir tagtäglich Probleme lösen müssen.

PROBLEMLÖSUNGSFINDER NEHMEN EINEN PERSPEKTIVENWECHSEL VOR UND BETRACHTEN EIN PROBLEM AUS EINER HALTUNG DER DISTANZ. SO ERKENNEN SIE DIE CHANCE IN DEM PROBLEM

Mir helfen insbesondere Problemlösungsfragen wie die folgenden dabei, aus Problemen Chancen zur Verbesserung abzuleiten:

- »Was wollen wir erreichen?«
- »Welche sinnvollen Lösungsansätze gibt es?«
- »Was sind die nächsten zukunftsorientierten Schritte?«
- »Wer kann uns jetzt (bei der Umsetzung) helfen?«
- »Was ist jetzt zu tun?«

Das sind lösungsfokussierte Zukunftsfragen, die uns bei der Lösung eines Problems unterstützen und ein Problemlösungsbewusstsein schaffen. Unsere Fragen entscheiden darüber, ob bei der Problemlösung Defizite und Schwierigkeiten im Mittelpunkt stehen – oder Lösungen und Kompetenzen, die zur Lösung aktiviert werden müssen und die für eine konstruktive Atmosphäre sorgen.

36 DIE VORAUSSETZUNG VON GLÜCK IST DIE ANERKENNUNG DER REALITÄT

Was macht mich glücklich? Wie ist meine aktuelle Situation? Worin besteht der Unterschied zwischen erwünschtem Glückszustand und aktueller Situation? Mit diesen drei Fragen prüfe ich, wie es um mein Glück bestellt ist. Aber sie unterstützen mich auch dabei, im Gespräch mit meinen Kunden das komplexe Thema »Glück« zu thematisieren.

Vor Kurzem habe ich einen zusätzlichen Coachingauftrag von einem sehr guten Kunden, dessen Mitarbeiter ich seit Monaten im Sales-Bereich trainiere, angenommen, der es in sich hat. Der Kunde trat mit einer sehr persönlichen Bitte an mich heran. Es ging um seine siebenundzwanzig Jahre alte Tochter, die, wie er mir sagte, völlig unselbstständig und realitätsfremd in den Tag hinein lebe. Sie habe weder einen Schulabschluss noch einen Job. Das größte Problem sei allerdings, dass sie drogenabhängig und zurzeit in einer Entzugsklinik sei.

Nun habe ich keinerlei Erfahrungen in diesem Bereich und auch nicht die Kompetenz, helfend zu intervenieren. Als er mir jedoch berichtete, er habe schon alle möglichen Kliniken aufgesucht und alle bisher angewandten Therapien hätten nichts gebracht, da merkte ich, dass ich wohl seine letzte Hoffnung war. Und so versprach ich ihm, mit der Tochter zumindest ein Gespräch zu führen – Voraussetzung sei allerdings, dass sie clean sei. Nachdem dies dann tatsächlich eingetreten war, kam es zu einem Gespräch, bei dem ich eine aufgeweckte junge Frau kennenlernte, der es jedoch an jeglicher Motivation mangelte. Sie erzählte mir, was sie noch alles im Leben erleben und erreichen wolle, baute aber immer zugleich meterhohe Hindernisse auf, die es verhindern würden, ihre Vorstellungen zu verwirklichen. Die Welt sei einfach ungerecht, so ihre Einstellung.

Wir verbrachten den Tag gemeinsam, und ich konnte mir ein gutes Bild von ihren Stärken und Schwächen machen. Da ich nun wusste, dass sie gerne Spiele spielt, schlug ich ihr vor, »Was bin ich morgen?« zu spielen. Dabei geht es um Fragen, die sich an ihrer imaginären Lebenslinie orientieren: »Wo stehst du in einem Jahr, wenn du so weitermachst? Wo stehst du in zwei, fünf, acht, zehn Jahren?« »Wenn ich erst mal ein schönes Haus, den richtigen Mann gefunden und drei Kinder habe, wird sich schon alles fügen!«, so ihre Haltung.

EINSTELLUNGEN DETERMINIEREN UNSER VERHALTEN UND UNSERE HANDLUNGEN - ABER DIESE EINSTELLUNGEN KÖNNEN WIR BEEINFLUSSEN

Da ich im Heim und bei Pflegeeltern aufgewachsen bin, konnte ich ihr glaubhaft vermitteln, dass ich solche Träume nur zu gut kenne und nachvollziehen kann. Und dass es oft nicht zu Verbesserungen kommen kann, wenn wir unsere Gewohnheiten und Taten nicht dem anpassen, was wir uns erhoffen. Um es auf den Punkt zu bringen: Ich wollte ihr verdeutlichen, dass es nicht genügt, einen Traum zu formulieren, sondern dass wir etwas dafür tun müssen, wenn er auch nur annähernd Realität werden soll.

Nun fragte ich sie, ob sie sich schon einmal einen Traum erfüllt habe, um ihre Unzufriedenheit zu bekämpfen. Sie sagte mir, dass sie beziehungsweise ihr Vater ihr ein neues Auto gekauft habe. »Dachtest du am Anfang, dass du jetzt zufriedener und entspannter durch den Tag kommst, mit einem so schicken Wagen?« Ja, das war wohl am Anfang so. »Und wie lange hat das Gefühl angehalten?«, bohrte ich nach. Kleinlaut sagte sie: »Nicht mal drei Tage.«

Und als ich sie schließlich fragte, ob sie schon einmal verliebt gewesen sei, bejahte sie dies und sagte mir, dass dies am Anfang auch sehr cool gewesen sei. »Wir hatten viel Spaß«, schwärmte sie. »Und wie lange hattest du Spaß?« Enttäuscht sagte sie: »Nach einem Monat hatten wir einen Streit. Es ging hierbei nur um eine Kleinigkeit.«

Ich sagte dann: »Und jetzt stelle dir vor, du hast drei Kinder. Was würden deine Kinder über ihre Mama sagen?« Schließlich antwortete sie unter Tränen: »Ich verstehe. Wenn ich so weitermache und immer nur an der Oberfläche etwas kurzfristig verändere, wird sich gar nichts verbessern in meinem Leben. Es wird eher alles noch schlimmer.« Jetzt, wo es ausgesprochen war, wurde ihr schnell klar, dass ihre Träume, Wünsche und Hoffnungen auch etwas leicht Naives an sich hatten.

Nach diesem Tag haben wir uns noch dreimal getroffen. Mittlerweile macht sie eine Ausbildung zur Kosmetikerin und ist bei ihren Eltern ausgezogen. Ihre Stimme hört sich heute ganz anders an, wenn ich mit ihr spreche: Sie ist voller Energie und Tatendrang!

CHANCE STATT CHANGE

Dieses außergewöhnliche Erlebnis beschäftigt mich immer wieder. Es hat auch mein eigenes Leben beeinflusst, denn ich bin nun noch sicherer als zuvor, dass es sehr wichtig ist, kontinuierlich seine Glaubenssätze, Einstellungen und Haltungen zu hinterfragen.

Wir müssen einerseits die Rahmenbedingungen, die uns durch die Realität gesetzt werden, akzeptieren und dürfen uns nicht in Tagträumen verlieren. Andererseits gilt: Unsere Glaubenssätze und Vorstellungen bestimmen die von uns wahrgenommene und wahrnehmbare Realität. Unser Leben verläuft zu einem Großteil nach unseren unbewussten Prägungen und Glaubenssätzen. Ich selbst hatte als Heimkind eine eher ungünstige Sozialprognose. Daraus hätte sich ein Glaubenssatz verfestigen können, der besagt, dass ich im Leben nichts zustande bringe. Und tatsächlich bin ich in meinem Leben oft mit diesem Vorurteil konfrontiert worden. Aber: Ich habe es mir nicht zu eigen gemacht!

Die Gesamtheit unserer Einstellungen, Meinungen, Vorurteile und Gefühle bestimmt unser Erleben in der Welt: Unsere äußere Wirklichkeit ist eine Abbildung unserer inneren Wirklichkeit. Oder: Die Wirklichkeit ist nur ein Spiegelbild unseres Bewusstseins; alles, was außen in Erscheinung tritt, ist nur ein Abbild der inneren Wirklichkeit. Und das bedeutet, dass jeder Mensch seine Realität in sich erschafft. Aber diese innere Realität können wir beeinflussen! Wir können unsere Glaubenssätze und Überzeugungen umdeuten.

CHANGE FUCK

MAKE

~~WÜRDEN~~

~~HÄTTEN~~

~~SELTEN~~   ~~KÖNNTEN~~

~~WOLLTEN~~

MACHEN!

37 MACH ES FERTIG, BEVOR ES DICH FERTIGMACHT!

Haben Sie auch schon den Traum von den eigenen vier Wänden geträumt? Dann hat sich dieser Traum hoffentlich nicht zum Albtraum entwickelt. Oder Sie haben diesen Traum noch vor sich – und seine Verwirklichung.

Ich blicke zurück auf die Zeit, als es eines meiner großen Ziele im Leben war, ein eigenes Haus zu bauen. Ja, Sie lesen richtig: nicht ein eigenes Haus zu besitzen, sondern es selbst zu bauen. Darum habe ich auch eine Ausbildung zum Zimmerer gemacht. Ich wollte mit meiner eigenen Hände Kraft meinen Traum vom eigenen Schmuckstück im Grünen realisieren.

WENN DU MERKST, DASS DU EIN TOTES PFERD REITEST, STEIG AB
Weisheit der Dakota-Indianer

Auch wenn es immer heißt, Holz arbeite: Ich musste kräftig mit anpacken. Aber es hat viel Spaß gemacht, hatte ich doch auch liebevolle Unterstützung, und so kam es, dass ich fünf Jahre nach meiner Ausbildung mein Haus selbst erbauen konnte. Unser Plan damals: Wir bauen ein bestehendes Haus um und gestalten einen Neubau, kombinieren also Umbau und Neubau.

Natürlich ließ sich das nicht aus der Portokasse bezahlen, ich benötigte also Geld von der Bank. Dort musste ich dann lernen und zur Kenntnis nehmen, dass zwei Finanzierungen nötig sind. Denn der Altbau, also der Umbau, wurde schlechter bewertet als der Anbau. Warum? Es fing schon beim Fundament an und ging weiter über die Bausubstanz, die nicht mehr die jüngste war, bis hin zu veralteten Rohren, Kabeln und zur renovierungsbedürftigen Heizung. »Das wird teuer«, meinte der Bankberater schon sehr frühzeitig.

Was also würde mich die Sanierung kosten? Mit welchen Überraschungen mussten wir rechnen? Von denen gab es leider einige. Die Wände, die Decken, ja selbst der Dachstuhl waren nur teilweise bis gar nicht zu gebrauchen. Das Ende vom Lied: Wir mussten viel mehr renovieren als geplant.

Die Planung des Neubaus hingegen ging viel einfacher über die Bühne, und zum guten Schluss stellte sich endgültig heraus: Der Neubau würde auch viel weniger kosten. »Ady, wäre es nicht besser, billiger, effizienter und weniger nervenaufreibend gewesen, komplett neu zu bauen?«, fragte mich damals meine Frau, auch schon recht frühzeitig. Und wer widerspricht schon gerne seinem Partner? Vor allem, wenn er recht hat ...

CHANCE STATT CHANGE

Veränderungsprozesse scheitern. Andauernd und jeden Tag. Eine Lösung liegt darin, die Dinge neu zu denken, statt sie nur zu verändern. Und darum ist es oft besser, das Haus abzureißen und von Grund auf neu aufzubauen, als es zu restaurieren oder zu verändern. Besser ein Ende mit Schrecken als ein Ende ohne Schrecken – manchmal ist es besser, ein Projekt zu beenden und neu zu starten, als es totzureiten.

Es ist klar, was ich selbst für mich daraus gelernt habe: Ich frage mich, wie es gelingen kann, Raum für etwas völlig Neues zu schaffen, statt nur am Bestehenden herumzudoktern und dort Veränderungen vorzunehmen.

38. WENN DU ES NICHT VERBESSERN KANNST, LASS ES LIEBER BLEIBEN!

Diese Sprüche werden immer dann angeführt, wenn es zu beweisen gilt, wie Menschen sich gegen jeden Veränderungsprozess sperren und auf Teufel komm raus darauf beharren, dass alles so bleiben soll, wie es ist. Sie dienen oft dazu, diese Menschen, die vorsichtig darauf hinweisen, dass nicht alles von Nachteil sein muss, was früher oder heute zum Erfolg beigetragen hat, mundtot zu machen, ihnen jegliche Einmischung zu verbieten und sie bloßzustellen: »Diese Menschen wollen sich nicht verändern und behindern so jeden Fortschritt und jede Weiterentwicklung«.

Allzu oft wird diese zweifellos vorhandene Angst vor der Veränderung aus dem individuellen Bereich herausgelöst: Die Diffamierung des Einzelnen gerät zur Diffamierung des gesamten Wirtschaftsstandortes. »Deutschlands Angst vor Veränderungen«, heißt es dann, blockiere und verhindere jede Innovationsfähigkeit und Innovationskraft. Nach dieser Argumentation ist Veränderungsbereitschaft längst keine Kann-Option mehr, sondern ein Muss.

Veränderung wird zum Fetisch, zur voraussetzungslosen Bedingung für den Erfolg. Die Verehrung jeder Veränderung geht so weit, dass nicht mehr hinterfragt werden kann und darf, ob die Veränderung denn auch tatsächlich sinnvoll ist. Wer im Mainstream der Veränderungsbegeisterung nicht mitschwimmen will, muss sich als Verhinderer und Blockierer des Fortschritts verunglimpfen lassen: »Der Meier und die Huber stehen mit ihrer Veränderungsverweigerung unserer Weiterentwicklung im Weg!«

CHANCE STATT CHANGE

Dieser Haltung möchte ich ein entschiedenes »Das haben wir doch immer schon so gemacht! Und das ist auch gut so!« entgegensetzen. Dabei soll nun nicht der Fehler der Veränderungsfetischisten wiederholt und diese Position auf den Olymp der Allgemeingültigkeit gehoben werden. Es geht nicht darum, einen weit verbreiteten Veränderungsfetischismus gegen einen Beharrungsfetischismus auszutauschen. Vielmehr ist Differenzierung notwendig. Wir sollten nie grundsätzlich Ja zur Veränderung und nie grundsätzlich Nein zum Bewährten sagen.

DAS HABEN WIR DOCH IMMER SCHON SO GEMACHT! - WARUM SOLLEN WIR ETWAS VERÄNDERN, ES LÄUFT DOCH GUT!

Manchmal beobachte ich, dass gerade die Loslösung von bewährten Gewohnheiten und Ritualen zum Scheitern von Veränderungsprozessen beiträgt. Nehmen wir das Beispiel großer Unternehmensfusionen: Statt das Gemeinsame und Verbindende hervorzuheben und daran anzuknüpfen, wird die Unternehmensphilosophie des einen Partners in den Orkus geworfen – dessen Unternehmenskultur geht in der anderen Unternehmenskultur auf. Oder besser: Sie geht dort unter. Die Mitarbeiter und Führungskräfte der einen Firma bleiben mit ihren etablierten Gewohnheiten auf der Strecke. Dasselbe Schema beobachte ich bei meiner Arbeit als Coach bei der Zusammenlegung von Abteilungen.

Gestatten Sie mir an dieser Stelle den Ausflug ins Historische: Ist nicht auch bei der Wiedervereinigung Deutschlands deshalb einiges unbefriedigend verlaufen, weil das Bewährte des einen Teils Deutschlands allzu rasch und widerspruchslos zugunsten des anderen Teils aufgegeben wurde?

39 MACHST DU NICHTS, WEIL DU JAMMERST, ODER JAMMERST DU, WEIL DU NICHTS MACHST?

Für eine Stadt am Bodensee habe ich vor einigen Jahren ein Zwei-Jahres-Förderprogramm für den Führungskräftenachwuchs entwickelt. Es handelte sich um eine interaktive Ausbildung, und darum habe ich mir damals einiges einfallen lassen, auch damit die Teilnehmer nicht den Spaß an der Maßnahme verlieren. Zugleich aber muss der Lerntransfer in den Führungsalltag natürlich sichergestellt sein. Jedenfalls stand auch eine Bergtour auf dem Programm, die von einem Bergführer geleitet wurde, der den treffenden Spitznamen Wurzelsepp trug und mir andauernd Geschichten erzählte, was er so alles in seinen fünfundvierzig Berufsjahren als Bergführer erleben durfte. Mit seinen fünfundsiebzig Jahren auf dem Buckel musste er oft auf uns Flachländer warten. Während wir zu Beginn einer Pause auf einer Hütte in Österreich alle noch aus der Puste waren und eifrig nach Luft schnappten, berichtete der Wurzelsepp bereits schon wieder

WER FREIWILLIG ETWAS VERÄNDERN WILL, BRAUCHT EINEN NAGEL IM HINTERN

vergnügt von einem seiner skurrilen Erlebnisse. »Hier an diesem Platz war es, wo sich der Hund meines Freundes nach einer langen Bergtour erschöpft hingelegt hatte. Doch kaum lag der Hund, fing er auch gleich an zu jaulen. Als das Jaulen nicht aufhörte, fragte ich meinen Freund nach dem Grund. Ich bekam zur Antwort, dass der Hund auf einem Nagel liege. Ich fragte weiter, warum sich der Hund denn nicht auf einen anderen Platz lege. Darauf mein Freund: ›Weil der Nagel zu kurz ist.‹«

Ob wir nun neue Gewohnheiten aufbauen, im alten Trott weitermachen, die ganz große Rundum-Erneuerung anstreben oder uns vollkommen neu erfinden: Als Antreiber fungieren meistens zwei große Meister: der Meister »Freude« und der Meister »Schmerz«. In meinen Trainings und Coachings rede ich vom Freude-Hebel und vom Schmerz-Hebel, um zu verdeutlichen, dass es immer eine Mischung ist, die uns motiviert, uns zu bewegen, Anpassungen vorzunehmen, Veränderungen herbeizuführen oder etwas Neues zu wagen.

Das heißt: Wir können uns motivieren, indem wir uns vor Augen führen, welche unerwünschten Konsequenzen ein Verhalten hat, etwa:»Wenn ich nicht genügend Umsatz mache, sinkt meine Provision. Also strenge ich mich an!« Der Grundgedanke ist, dass wir, um Schmerz zu vermeiden, bestimmte Verhaltensweisen an den Tag legen.

Die zweite Motivationsstrategie meint: Wir motivieren uns, indem wir uns eine Vision oder ein Ziel veranschaulichen, das wir durch unser Verhalten erreichen können. Wir stellen uns die Erfüllung eines Ziels in Aussicht, das uns Freude und ein gutes Gefühl bereitet:»Wenn ich es schaffe, das Umsatzziel zu erreichen, winkt mir eine kräftige Provision.« Dabei gilt: Für manche Menschen ist der Schmerz oft noch zu klein, als dass sie sich erheben und handeln würden. Lieber bleiben sie wie der Hund auf dem Nagel liegen und ertragen den noch erträglichen Schmerz. Und dann passiert oft etwas Erstaunliches: Steigt der Veränderungsdruck ins Unermessliche, sind die Veränderungsschmerzen unerträglich, treffen die Menschen eine Entscheidung, erheben sich von dem Nagel, ändern etwas, passen sich an, tauschen etwas aus, wagen das Neue – und verkaufen dies sich selbst gegenüber als freiwillige Entscheidung! Nun gut, das ist nicht weiter schlimm – Hauptsache, sie bewegen sich und entfernen sich von dem Nagel ...

CHANCE STATT CHANGE

Dabei müssen wir nicht immer gleich etwas verändern, um wieder glücklich zu sein. Oft reicht es, die alten Gewohnheiten wieder aufleben zu lassen: Der Hund in der Wurzelsepp-Geschichte zum Beispiel müsste einfach nur aufstehen.

40 SEI IMMER STÄRKER ALS DEINE STÄRKSTE AUSREDE!

Wie motivierend ein emotionales Warum sein kann, möchte ich Ihnen an einem kleinen Beispiel erläutern: Ein Freund von mir, der im Finanzdienstleistungsbereich tätig ist, erfüllte zwar stets die Zielvorgaben seines Abteilungsleiters, zu den Topleuten jedoch gehörte er nicht. Er hatte immer genug Ausreden, warum die anderen besser waren und er auf seinem Gebiet einfach nicht mehr erreichen konnte. Dann sah er Vaterfreuden entgegen – und das Kind wurde mit dem Down-Syndrom geboren. Das hatte natürlich große Auswirkungen auf sein Leben, auf sein privates sowieso, aber auch auf sein berufliches. Schließlich sagte er zu mir: »Ich weiß jetzt, wofür ich arbeite: nicht nur, um über die finanziellen Mittel zu verfügen, die es mir erlauben, meiner Tochter bestimmte Bildungsmöglichkeiten zu eröffnen. Ich weiß, dass es da jemanden gibt, der sehr auf mich angewiesen ist, vor allem auf meine Zeit, die ich mit ihm verbringe, auf meine Zuwendung und meine Hilfe.«

STARKE MENSCHEN HABEN GUTE GRÜNDE, SCHWACHE MENSCHEN HABEN GUTE AUSREDEN

Dieser Freund absolvierte dann gleich mehrere Weiterbildungskurse, arbeitete gezielt an der Verbesserung seiner Stärken – auch, indem er seine Führungskraft um tatkräftige Unterstützung bat – und erreichte schließlich sein Ziel, zu den Topleuten zu gehören.

Für mich heißt das: Der Mensch interessiert sich nun einmal nicht nur für das Was und Wie, sondern vor allem für das Warum – seines Lebens, seiner Handlungen, seiner beruflichen Tätigkeit. Ich möchte dies auch nicht allein auf den materiellen Aspekt beziehen. Sicherlich: Jener Freund hat sein Leben nun in eine Richtung entwickelt, die es ihm erlaubt, im Beruf erfolgreich zu sein und mehr Geld zu verdienen – Geld, das es ihm erlaubt, für seine Tochter bestimmte Chancen zu nutzen, für die es nun einmal notwendig ist, dass gewisse materielle Voraussetzungen erfüllt sind. Entscheidend aber ist die Entdeckung des emotionalen Warum, die Freilegung der inneren Triebfeder oder des inneren Anstoßes, der uns dazu bewegt, ein Ziel trotz aller Stolpersteine und Blockaden konsequent zu verfolgen, selbst wenn es schmerzhaft und ungemütlich wird.

Lassen Sie mich noch eine weitere Geschichte erzählen, die die ungeheure Kraft des emotionalen Warum eindrucksvoll belegt: In seinem Buch *Die Regeln des Glücks* erzählt der US-amerikanische Psychiater Howard C. Cutler die folgende Geschichte: *Ein Bandarbeiter ist seinen gesamten Arbeitstag über damit beschäftigt, Dosen mit Orangensaft in Kisten zu packen und diese Kisten übereinanderzustapeln – eine monotone, nie endende Aufgabe. Doch dieser Arbeiter sieht in seinem Tun nicht die Tristesse der ständigen Wiederholungen. Nein, er weiß, dass sein Orangensaft morgen in die Tasche eines Schulkindes gepackt und von ihm in der Pause getrunken wird. Ja, er stellt sich sogar vor, wie diese oder jene Kiste auf die Jacht einer königlichen Hoheit gebracht und der Saft dort mit Champagner gemischt wird. Für diesen Arbeiter endet der Sinn seiner Arbeit nicht mit der gestapelten Kiste. Er schaut über den Tellerrand seines eigenen Tuns hinaus.*

CHANCE STATT CHANGE

Wenn Sie wahrhaftige Verbesserungen in Ihrem Leben anstreben, machen Sie es wie ich und verfolgen Sie konsequent die folgenden Schritte eines wirkungsvollen Zielprozesses (in Change Fuck 16 bin ich bereits kurz darauf eingegangen):

- Ich spüre meine Wünsche und Träume auf. Dabei scheue ich mich nicht, von Lebenszielen zu sprechen. Ich berücksichtige dabei ALLE Lebensbereiche, die für mich von Bedeutung sind.

- Ich notiere diese Wünsche und Träume schriftlich und lege fest, warum ich mir diese Wünsche unbedingt erfüllen und diese Träume auf jeden Fall Realität werden lassen möchte. Es geht also um das emotionale Warum.
- Daraus leite ich klare und eindeutige Jahresziele ab, die ich ausführlich definiere und terminiere.
- Diese Jahresziele breche ich auf Monatsziele, Wochenziele und Tagesziele herunter, die ich ebenfalls terminiere.
- Ich überlege stets, warum ich ein Ziel unbedingt erreichen will.
- Ich frage mich, welche meiner Erfolgsgewohnheiten mir bei der Zielerreichung helfen könnten.
- Ich erstelle einen detaillierten Umsetzungsplan mit Maßnahmen und Aktivitäten, die zur Zielerreichung führen.

Nachdem ich durch den Zielprozess gewandert bin, ist es für mich wichtig, dass ich ein Gefühl der inneren Begeisterung aufbaue, um wirkungsvoll an der Realisierung arbeiten zu können. Von hervorragender Bedeutung ist natürlich das emotionale Warum, das mir die notwendige Schubkraft für den Verbesserungsprozess verleiht.

LIEBER SPÄT UND RICHTIG HANDELN ALS SOFORT UND FALSCH

Ich sitze mit meinem Kunden, einem erfolgreichen Schweizer Unternehmer, in meinem Coaching-Mobil. Es ist Oktober, und auch wenn es draußen regnet und kalt ist, genießen wir die Lage und den direkten unverstellten Blick auf den wunderschönen Zürichsee und das Panorama, das uns die Stadt zu bieten hat. Wir machen es uns bei Kaffee und belegten Brötchen, die der Kunde zum Frühstück mitgebracht hat, gemütlich.

Plötzlich fängt mein Kunde an zu erzählen. Er habe eine Situation herbeigeführt und wisse nun nicht, wie er damit umgehen solle. Da es bekanntermaßen unhöflich ist, mit vollem Mund zu sprechen, lasse ich ihn einfach weiterreden.

Langsam spricht er weiter. Bei einem Kunden habe er durch Zufall beobachtet, wie dort von einem Sicherheitsdienst winzige Sicherheitskameras eingebaut wurden. Diese habe man mit ungeschultem Auge nicht erkennen können. »Ich war dann doch neugierig und habe mich nach den Kosten erkundigt. Ich beschloss, zwei solcher Kameras in einem meiner Büros einbauen zu lassen. Denn schon seit Längerem hatte ich die Vermutung, dass ein Mitarbeiter öfter früher Feierabend macht und das Telefon einfach nicht abnimmt, wenn es klingelt.«

Ich war gespannt auf das, was jetzt kommt. »Meine Befürchtungen haben sich nicht nur bestätigt, sie sind sogar noch übertroffen worden«, fuhr der Unternehmer fort. »Denn es sind gleich mehrere Mitarbeiter, die sich nicht regelkonform verhalten und zum Beispiel früher nach Hause gehen. Doch was noch schlimmer ist: In den Kameras ist auch ein Mikrofon eingebaut. Und so werde ich seit dem Einbau der Kameras regelmäßig Ohrenzeuge und muss mit anhören, wie Mitarbeiter despektierlich über Kunden schimpfen und auch sehr schlecht über ihre Arbeit sprechen. Das ärgert mich so sehr, dass ich sie am liebsten gleich zur Rede stellen möchte. Was meinen Sie dazu?«, fragte er mich schließlich.

Ich bin für meine Kunden ja nicht nur als Coach und Trainer unterwegs. Ab und zu möchten sie auch einen allgemeinen Tipp von mir oder einfach auch nur einmal meine Meinung hören. Zunächst antwortete ich, dass dies für mich Neuland sei.

ZUERST DENKEN UND DANN HANDELN, DENN UNBEDACHTES HANDELN IST SCHWER ZU WANDELN

»Ich weiß nicht einmal, ob es in Deutschland oder der Schweiz erlaubt ist, solche Kameras einzubauen.« Ich wies ihn auf die moralische Fragwürdigkeit solcher Überwachungen hin, er müsse sich überlegen, ob er die Kameras nicht wieder entfernen lassen solle. Zudem riet ich ihm, die Mitarbeiter nicht direkt auf ihre Vergehen anzusprechen. Ich bestätigte ihm, dass es gut war, nicht gleich gehandelt zu haben.

Dann entwickelten wir die folgende Idee: Der Unternehmer sollte seinen Mitarbeitern die Überwachungsgeschichte im Mitarbeitermeeting erzählen, als ob sie einem Dritten passiert sei. Konkret: Er würde seinen Mitarbeitern von einem Firmenchef berichten, der durch den Einbau von Sicherheitskameras aufseiten seiner Angestellten ungebührliches Verhalten festgestellt habe. »So haben Sie Gelegenheit, sich allgemein über das unfaire Verhalten von Mitarbeitern auszulassen«, empfahl ich dem Unternehmer.

Der Zweck der Übung war klar: Der Unternehmer sollte so einen Reflexionsprozess bei den Mitarbeitern anstoßen. Diese sollten aus eigener Einsicht erkennen, dass ihr Verhalten – früher Feierabend machen, über Kunden und die Arbeit herziehen – kontraproduktiv ist und allen schadet: dem Unternehmen, dem Chef und schließlich ihnen selbst.

Zehn Tage später erfuhr ich von der erfolgreichen Umsetzung des Plans. Die Mitarbeiter waren durch die Erzählung über jenen Firmenchef ins Grübeln gekommen. Sie konnten es zwar nicht gutheißen, dass er zu solchen Überwachungsmaßnahmen gegriffen hatte, aber für meinen Kunden war entscheidend, dass die Mitarbeiter dabei waren, ihre ungebührlichen Verhaltensweisen nach und nach abzulegen. Woher er das wusste? Da er die Kameras erst ein paar Tage nach dem Meeting abbauen lassen konnte, konnte er die positiven Auswirkungen gleich vor Ort beobachten ...

CHANCE STATT CHANGE

Ich will Ihnen, liebe Leserinnen und Leser, nun nicht raten, mit Überwachungskameras zu arbeiten. Der Schweizer Kunde hatte rasch festgestellt, wie unwohl er sich damit fühlte, auch wenn diese Aktion letztendlich eine bedeutsame Entwicklung in seinem Unternehmen in Gang gesetzt hat. Wichtig ist wohl, niemals übereilt zu handeln. Hätte der Unternehmer die Mitarbeiter direkt mit seinen Beobachtungen konfrontiert, wäre es angesichts der Überwachung wohl zu einem kleinen Aufstand gekommen.

Wenn wir neue Verhaltensweisen bei den Mitarbeitern, bei uns selbst und bei Menschen in unserem Umfeld aufbauen, Anpassungen herbeiführen oder auch eine 180-Grad-Veränderung erreichen wollen, ist es klug, sich die Vorgehensweise genau zu überlegen. Es ist richtig, nicht überstürzt zu handeln, sich nicht einem Veränderungsdruck zu beugen, sondern sich erst einmal zu beraten, die Konsequenzen von Handlungen zu überdenken und zu prüfen, ob sie tatsächlich gewünscht sind.

Auf jeden Fall handle ich so, seitdem ich der Meinung bin, dass die Veränderung um jeden Preis nicht der Weisheit letzter Schluss ist.

42 SCHAFFE GEWOHNHEITEN IN DER VERÄNDERUNG, UND DIE VERÄNDERUNG WIRD ZUR GEWOHNHEIT

Nach der Wende verbrachte ich viel Zeit in Berlin. Ich hatte ein dreitägiges Verkaufstraining erfolgreich abgeschlossen und entschloss mich spontan, noch eine Nacht länger in Berlin zu bleiben. Doch leider war in dem Hotel kein Zimmer mehr frei, und anscheinend war in ganz Berlin kein Zimmer mehr zu bekommen. Es war bereits spät in der Nacht und der letzte Zug gen Süden schon längst unterwegs. Durch einen Freund lernte ich in dieser Nacht Karsten Dreger kennen. Karsten ist Gastronom und besitzt mehrere Hotels. So kam es, dass ich in dieser Nacht in einem wunderschönen Apartmenthaus mitten in Berlin übernachten durfte. Seitdem quartiere ich mich immer in einem Hotel von Karsten ein, wenn ich in Berlin zu tun habe.

Heute verbinden uns eine tiefe Freundschaft und einige intensive Gesprächsabende in der Küche. Denn oft steht Karsten des Nachts noch einmal in der Küche und kocht etwas für einen Gast, den zu später Stunde der Hunger quält. Und so war es auch in dieser Nacht.

Als ich ihn fragte, warum er sich das antut, mitten in der Nacht noch den Kochlöffel zu schwingen und zu arbeiten, sagte er völlig entspannt: »Das ist genau der Grund, warum die Gäste immer wieder zu mir kommen und nur in meinem Hotel übernachten, wenn sie in Berlin sind. Ich habe nicht das schönste und billigste Hotel. Aber meine Extras und der besondere Service sind die Gründe, die die Menschen dazu bewegen, zu mir zu kommen.«

Es ist mittlerweile 23.45 Uhr, wir stehen wie so oft in seiner Hotelküche, trinken einen leckeren Weißwein, während er die Pfanne mit den Scampi schwingt. Es sind zuweilen sehr besondere Gäste, die Karsten beherbergt, so auch in diesem Fall. Neugierig frage ich ihn, wer der Glückliche ist, für den heute die Scampi-Pfanne zum kulinarischen Einsatz kommt. »Es geht um dich – und um einen bekannten Schauspieler.«

Und so lernte ich an diesem Abend einen der bekanntesten Mimen Deutschlands kennen und durfte mit ihm die herrlichen Scampi genießen.

PFLEGE GEWOHNHEITEN, DIE DICH GLÜCKLICH MACHEN, SO LANGE, BIS DU GLÜCKLICH BIST

Durch die gemeinsame Bekanntschaft mit Karsten trafen der – übrigens sehr öffentlichkeitsscheue – Schauspieler und ich uns immer wieder mal, und irgendwann fragte ich ihn, warum er immer in einem Hotel von Karsten übernachtet, wenn er in Berlin ist. Die Antwort kam prompt: »Wenn ich zu Karsten komme, erwarte und bekomme ich immer das Gleiche. Ich freue mich immer wieder über den gewohnten Service, das gewohnte Ambiente und das gleiche Apartment. Ich wünsche keine Überraschungen. Davon habe ich schon genug am Set. Mittlerweile fühle ich mich hier wie zu Hause, wo alles seinen Platz hat.«

Und er fuhr fort: »Allen Stress und den Aufruhr durch all die emotionale Action beim Dreh kann ich hier abschütteln, ich kann mich zurückziehen. Ich bekomme neue Gedanken und sammle wieder Energie für die nächsten Drehtage. Ich denke, dass jeder Mensch einen Ruhepol braucht. Für mich ist dies nur in einer gewohnten Umgebung möglich.« Mit einem Prost schloss er seine kleine Rede ab. »Wow«, dachte ich, »ihm geht es so wie mir. Genau aus diesen Gründen reise ich heute mit einem Wohnmobil durch die Lande, das ich zu einem Coaching-Mobil umfunktioniert habe.«

CHANCE STATT CHANGE

Gewohnheiten sind eine tolle Möglichkeit, um uns das Leben nicht nur leichter zu machen, sondern auch nachhaltig erfolgreich zu sein. Das bedeutet für mich: Wenn wir etwas grundsätzlich im Leben verändern möchten, machen wir am besten eine Gewohnheit daraus, und es läuft automatisch. Dann müssen wir nicht länger darüber nachdenken, was wir wann tun sollten, sondern tun es einfach.

Gibt es in Ihrem Leben Erfolgsgewohnheiten, die Sie glücklich machen? Als Anregung stelle ich Ihnen drei Erfolgsgewohnheiten vor, die mir helfen, mein Leben in den Griff zu bekommen.

1. Die Guten-Morgen-Motivationsfrage stellen

Ich stelle mir morgens die Frage:»Warum freue ich mich heute?« Diese Frage fokussiert uns auf die Dinge, die wir erreichen wollen und uns Spaß machen. Sonst werden wir jeden Tag mit negativen Nachrichten zugemüllt, von ihnen heruntergezogen und vom Wesentlichen abgelenkt.

2. Positiv auf den Tag zurückblicken

Beim positiven Tagesrückblick geht es darum, sich jeden Abend vor Augen zu führen, was am vergangenen Tag gut gelaufen ist oder besonders schön war. Beispiel:»Ich habe heute viel Spaß im Büro gehabt, trotz der vielen Arbeit!«

Warum ist das wichtig? Normalerweise fokussieren wir uns mehr auf das Negative und fühlen uns dadurch schlechter als eigentlich nötig. Wenn wir uns stattdessen jeden Tag für die positiven und zielfördernden Momente Zeit nehmen, fühlen wir uns besser, fröhlicher und optimistischer. Auf Dauer trainieren wir so unser Gehirn darauf, eher das wahrzunehmen, was uns voranbringt, motiviert und in einen Zustand versetzt, der uns hilft, unsere Ziele zu erreichen.

3. Save the Date

Damit ist eine feste Verabredung mit mir selbst, meiner Partnerin oder meinen Freunden gemeint. Also ein Treffen, durch das und mit dem ich mich belohne. So schaffe ich etwas, worauf ich mich freuen kann. Im stressigen Alltag vernachlässigen wir gerne mal alles, was nicht so wichtig erscheint. Das Treffen mit der besten Freundin wird dann genauso abgesagt wie die Zeit, die wir mit uns selbst und einem spannenden Buch oder während eines Spaziergangs verbringen wollten.

43 FOKUSSIERE DICH AUF DAS, WAS DU OHNEHIN GUT KANNST!

»Begrüßen Sie mit mir den ersten Kämpfer des heutigen Abends, hier ist Ardeschyr – The Eagle – Hagmaier!« So tönt es am 20. April 2013 um 18.30 Uhr über die Lautsprecher, während ich mit meiner Einlaufmusik unter lautem, jubelndem Beifall vor mehr als 350 geladenen Galagästen im Palace Hotel Berlin, begleitet von zwei Bodyguards, zu meinem ersten – und letzten – öffentlichen Boxkampf geführt werde. Der Boxring steht in der Mitte des Geschehens, und alle Augen sind auf mich gerichtet. Ich bin voller Adrenalin. Was wird mich in den nächsten Minuten erwarten? Ich frage mich, wie ich überhaupt in diese unglaubliche und verrückte Situation geraten bin …

Ein halbes Jahr vorher erhalte ich einen Anruf von Mario Schmitt. Er ist zu diesem Zeitpunkt Geschäftsführer bei einer großen Referentenagentur in Berlin, die mich gelegentlich als Redner auf Kongressen, Tagungen, Messen und anderen Veranstaltungen vermittelt. Während unseres Telefonats fragt er mich, ob ich mir vorstellen könne, für eine gute Sache in den Boxring zu steigen. Als ich merke, dass es nicht darum geht, als Nummern-Boy durch den Ring zu schreiten, frage ich ihn konsterniert, ob er mich auf den Arm nehmen wolle. »Egal was du zurzeit einnimmst, verringere unbedingt die Dosis!« Doch dann muss ich einsehen: Diese verrückte Anfrage ist tatsächlich ernst gemeint.

Der Hintergrund: Der Lions Club Berlin ist seit über zwölf Jahren mit Charity-Veranstaltungen und Aktionen für den guten Zweck unterwegs. Für 2013 hat sich der Club etwas Besonderes überlegt und die Lions Charity Box Gala ins Leben gerufen. Bei diesem außergewöhnlichen Event stellen sich Vorstände, Geschäftsführer, Multiplikatoren und Prominente für einen besonderen Zweck in den Ring. Geboxt wird nach internationalen Regeln mit drei Runden zu je zwei Minuten. Der Erlös geht zum einen an das ambulante Kinderhospiz Berliner Herz und zum anderen an die Station für chronisch kranke Kinder im Friedrichshainer Krankenhaus in Berlin. »Derzeit sind wir mit deutschen Boxgrößen in Kontakt, die wir als Punktrichter für die Kämpfe gewinnen wollen«, berichtet Mario Schmitt. »Die Boxkämpfe sollen zwischen den Gängen eines Drei-Gang-Menüs stattfinden. Mit dem Ballsaal des 5-Sterne-Palace-Hotels haben wir für die Gala einen angemessenen Austragungsort gefunden. Wir erwarten ungefähr 350 Gäste.« Gala und Boxen – wie soll das denn funktionieren, allein räumlich? Mario Schmitt klärt mich auf: Der Boxring befindet sich in der Mitte des Ballsaals, sodass jeder Gast das Geschehen im Ring gut verfolgen kann.

ZIELGERICHTETE MOTIVATION BEDEUTET, SICH AUF DAS ZU FOKUSSIEREN, WAS MAN WILL

Auch wenn im Mittelpunkt der Sportgala der Gedanke steht, Gutes zu tun, reizt mich vor allem der Gedanke, etwas Neues zu wagen und aus meiner bewegten und doch bequemen Lebensführung auszubrechen. Bin ich tatsächlich bereit, einen neuen und unbequemen Weg nicht nur zu gehen, sondern ihn bis zum Ende durchzustehen, auch wenn er gewiss mit Schmerzen verbunden sein wird?

Nun muss ich gestehen, dass ich nicht der Mensch bin, der die Konfrontation sucht. Ich bin ein Vertreter der gewaltfreien Kommunikation und der möglichst friedlichen Konfliktlösung. Das gilt besonders bei der Körpersprache. Auch in meinen Trainings und Coachings setze ich eher auf den harmonischen Ausgleich. Trotzdem entschließe ich mich, bei der Charity-Veranstaltung mitzumachen.

Und darum suche ich gleich am nächsten Tag einen Boxklub in Berlin auf, um knapp eine Woche später mein erstes Boxtraining zu absolvieren. Ich fühle mich gleich in den Film *Rocky* von und mit Sylvester Stallone versetzt. Auch mein Boxklub hat seine Glanzzeiten schon lange hinter sich. Wenn man nicht schon im Ring k. o. geschlagen wird, droht die Gefahr, spätestens nach dem Gang durch die Waschräume ausgeknockt zu werden. Ich beschließe, nach dem Training auf jeden Fall zu Hause zu duschen. Auch mein Boxtrainer, er heißt Udo, erinnert mich an Rockys Trainer: Das Gehen fällt ihm nicht leicht – aber wehe mir: Sobald er im Ring steht, verwandelt er sich in eine tänzelnde Gazelle und jagt jeden seiner Schüler von einer Ecke in die andere. Das wird später auch für mich gelten.

Zunächst aber müssen wir die Rahmenbedingungen klären: Der Kampf findet in sechs Monaten statt, bis dahin muss ich fit sein. Eine große Herausforderung, zumal mein Kontrahent neun Jahre jünger ist als ich und von Beruf Stuntman. Dadurch wird meine Hoffnung, den Boxring als Gewinner oder doch zumindest leidlich unbeschädigt zu verlassen, nicht gerade größer. Mit einem leicht ironischen Unterton frage ich meinen Trainer, ob ich denn überhaupt eine Chance hätte. Udo findet über Umwege zu einer Antwort: Wir sollten uns lieber realistische Ziele setzen, und ein halbes Jahr Vorbereitungszeit sei viel zu knapp. Normalerweise bereite er einen Boxer auf einen großen und wichtigen Kampf ein Jahr lang vor. Angesichts meiner eher nicht vorhandenen Fitness und boxerischen Unerfahrenheit im Vergleich zu meinem Gegner seien wohl eher zwei Jahre angebracht …

»Was bedeutet das jetzt für mich?«, frage ich ihn etwas verzweifelt. Er sagt völlig cool und ohne eine Miene zu verziehen:»Dein Ziel sollte nicht das Gewinnen sein, sondern das Überleben.«

Ich beschließe für mich, so zu reagieren, wie ich in meinem Leben immer reagiert habe, wenn ich mit scheinbar unlösbaren Herausforderungen konfrontiert wurde: mich auf das Wesentliche und meine Stärken zu konzentrieren, alles andere auszublenden, keinen Gedanken an ein mögliches Scheitern zu verschwenden, zu kämpfen, den Fokus auf das zu legen, was ich gut kann und was sich für mich in schwierigen Situationen bewährt hat. Und das sind vor allem meine Einstellung, mein Wille und meine Motivation, das konsequent durchzuziehen, was ich begonnen und mir vorgenommen habe. Aber das allein genügt nicht – hinzukommen müssen Training, Training und nochmals Training. Ich muss einfach mehr machen als alle anderen, um überhaupt eine Chance zu haben.

Mich erwarten also sechs Monate Training, jede Woche zweimal im Boxring, jeden Tag Sport. Die letzten zwei Monate bin ich drei Tage im Training und jogge fast jeden Tag. Die Folgen: zwei Rippenprellungen, ein blaues Auge, unzählige Muskelzerrungen, Atemnot ... Ob es das alles wert ist?

Ja! Denn dann ist es so weit: Ein ausverkaufter Ballsaal mit 350 Gästen feiert zwölf Boxer, die Stimmung könnte nicht besser sein. Am und im Ring zeigen Persönlichkeiten und Boxprominente wie Ulli Wegner, Arthur Abraham, Ramona Kühne, Stephan Kühne, Ralf Manthau (der 2016 leider verstorben ist), Varol Vekiloglu, Graciano Rocchigiani und Daniel Aminati großen Einsatz. Und gerade die Boxprominenz ist vom sportlichen Niveau im Ring mehr als überrascht.

Doch am meisten bin ich überrascht. Denn das Unmögliche wird möglich und tritt ein: Ich gewinne jede Boxrunde nach Punkten und verlasse, auch zur Überraschung meines Gegners, den Boxring als Sieger. Meine Strategie »Angriff ist die beste Verteidigung« ist aufgegangen.

CHANCE STATT CHANGE

Nicht die Veränderung meines Verhaltens und meiner Einstellung hat mir zum Sieg verholfen, sondern die Konzentration und Fokussierung auf das, was ich gut kann – indem ich mehr mache und leiste als diejenigen, die vielleicht begabter und talentierter sind als ich, aber nicht in der Lage sind, das zu perfektionieren, was sie ohnehin gut können. Mein Credo lautet: Wer sich auf das Naheliegende konzentriert und das tut, was er ohnehin und von Natur aus beherrscht, kann auch in kürzester Zeit zu enormen Verbesserungen gelangen und Menschen selbst in Bereichen und auf Gebieten einholen, auf denen sie eigentlich über einen großen Vorsprung verfügen.

44 WEIL EINFACH EINFACH EINFACHER IST!

Ob der Brexit in Großbritannien oder die Wahl des Populisten Donald Trump zum US-Präsidenten: Immer wieder lese und höre ich in diesem Zusammenhang, ein bedeutsamer Grund für die Wahlentscheidung vieler Menschen sei die Angst vor Veränderungen. Oder es wird der Vorwurf geäußert, sie hätten angesichts der riesigen Veränderungsprozesse, die unvermeidlich anstünden, den oder das Falsche gewählt.

Ein Trainerkollege sagt in seinem Buch »Mach es einfach!« und begründet, warum wir von niemandem die Erlaubnis bräuchten, unser Leben zu verändern. Das ist richtig. Aber genauso gibt es gute Gründe dafür, es einfach mal sein zu lassen. Wir brauchen von niemandem die ständige Aufforderung, uns zu verändern. Denn es gibt Situationen, in denen Veränderung die durchaus richtige Entscheidung sein kann – und es gibt Situationen, in denen die Nicht-Veränderung, das Festhalten am Gewohnten, das Anknüpfen am Bewährten die durchaus richtige Entscheidung ist. Die Weichenstellungen des Lebens führen uns mal in Richtung Veränderung und mal in Richtung Nicht-Veränderung. Wer will allgemeingültig und verbindlich festlegen, wann welche Weichenstellung die richtige ist?

CHANCE STATT CHANGE

Wenn es so viele Menschen gibt, die eine extrem große Angst vor Veränderungen haben, warum lassen wir es dann nicht einfach bleiben? Warum hören wir nicht auf, von den Menschen immer wieder Veränderungen zu verlangen, die sie nicht wollen?

Das bedeutet nicht, nun die Hände untätig in den Schoss zu legen und die Dinge passiv auf sich zukommen und auf sich einstürzen zu lassen. Das heißt nicht, in Schockstarre zu verfallen. Natürlich ist es richtig, aufzustehen und sich zur Wehr zu setzen, wenn uns etwas nicht passt und nicht gefällt. Aber den Automatismus, dass dies immer mit einem gewaltigen Veränderungsprozess einhergehen muss, lehne ich vehement ab.

Wandel zu gestalten, sich zum Regisseur seines Lebens zu entwickeln und das Schicksal in die eigene Hand zu nehmen, kann und muss auch heißen, sich auf seine Stärken, Kompetenzen, Vorlieben und Begabungen zu verlassen. Denn den großen Change erreichen zu wollen, bedeutet oft genug nur, sich zu verzetteln und Zeit, Energie und Potenzial für etwas zu verschwenden, das sich kaum beeinflussen lässt.

Jeder Mensch hat Kernkompetenzen, Gaben und Talente, die er entdecken und gezielt fördern sollte. Denn wenn wir uns auf den Ausbau unserer Stärken konzentrieren, bringt uns das wirklich nach vorne, trägt dies zuallererst zu unserer beruflichen und persönlichen Weiterentwicklung bei. Das ist für mich der wesentliche Punkt der EASY!-Norm: »Weil einfach einfach einfacher ist!«

Ich selbst zähle mich zu den kreativ-unkonventionellen Menschen. Innovatives Problemlösen, unbekannte Wege beschreiten, fernab der eingefahrenen Denkbahnen – das ist mein Lebenselixier. Mein Ziel ist es, meine Stärken ständig weiterzuentwickeln. Warum also sollte ich mich damit quälen, meinen Tagesablauf in ein enges Zeitgerüst zu zwängen? Solange durch meine kreative Ader niemand geschädigt oder belästigt wird, ist es kontraproduktiv, dass ich mich zum Planungs- und Organisationsexperten entwickle. Die Kraft und Energie, die ich dafür ver(sch)wenden müsste, investiere ich lieber in die Entfaltung meiner wesentlichen Stärken.

Allerdings gibt es eine Grenze: Wenn meine Spontaneität dazu führt, dass ich zum Meeting zu spät erscheine oder einen privaten Termin verpasse, also andere Menschen unter meinem Verhalten leiden, muss ich etwas ändern – und vielleicht doch noch mein Zeitmanagement verbessern.

JEDER SOLLTE DER HELD SEINER EIGENEN GESCHICHTE SEIN

Das heißt: Trägt eine meiner Schwächen dazu bei, anderen Menschen zu schaden, ist eine Veränderung unausweichlich. In allen anderen Fällen setze ich auf Stärkenmanagement und die Verbesserung dessen, was ich ohnehin gut kann.

45 DU LEBST NUR EINMAL, DARUM MACHE MÖGLICHST VIELE FEHLER!

Vielleicht kennen Sie den Werbespot: Der Sohn sitzt mit seinem Vater in einem kleinen Boot auf dem See beim Angeln. Es ist völlig ruhig und friedlich. Vater und Sohn sitzen eine Weile nebeneinander, ohne ein Wort zu wechseln. Plötzlich bricht der Sohn das Schweigen und fragt seinen schon in die Jahre gekommenen Vater: »Wenn du heute noch mal von vorne anfangen könntest, was würdest du anders machen?« Der Vater überlegt und antwortet mit einem Lächeln. »Ich würde meine Brille gleich bei Fielmann kaufen.«

Ich sitze vor dem Fernseher und habe zwar nicht gleich das dringende Bedürfnis, sofort eine neue Brille zu kaufen, aber fast.

Dieser Werbespot hat mich sehr nachdenklich gemacht: »Was würde ich heute anders machen, wenn ich noch mal von vorne anfangen könnte?« Das ist eine Frage, die mich auch schon in meiner eigenen Ausbildung zum Coach beschäftigt hat. Heute weiß ich, dass dies eine unsinnige Frage ist. Sie dient meistens dazu, Menschen dazu zu bringen, Dinge zu verändern, führt aber selten zu Verbesserungen. Sie verunsichert, lässt uns an unserem bisherigen Lebensweg (ver)zweifeln, beinhaltet keinerlei konstruktiv-produktives Potenzial und ist ein Energie-Verschwender. Denn wer sich mit dieser Frage beschäftigt, taucht in die Vergangenheit ein, die sich ohnehin nicht mehr ändern lässt.

Es gibt den Satz, oder besser: den Change Fuck: »Du lebst nur einmal, darum mach's gleich richtig.« Diese Haltung ist kontraproduktiv, weil in ihr mitschwingt, dass Fehler etwas Schlechtes und Nachteiliges sind, das auf jeden Fall vermieden werden sollte.

Es ist zielführender, zu seinen Entscheidungen und auch Fehlern mit all ihren Folgen zu stehen und seine Erfahrungen zu respektieren, als sich mit der hypothetischen Frage auseinanderzusetzen, was man anders machen würde, wenn es denn die Möglichkeit dazu gäbe. Gerade weil wir Erfahrungen gesammelt haben, können wir heute bessere Entscheidungen treffen. Auch die negativen Erfahrungen sind wichtig. Die Frage hingegen, was wir aus dem Vergangenen lernen

FEHLER VERMEIDEN ZU LERNEN, IST VERNÜNFTIG. MIT FEHLERN UMGEHEN ZU LERNEN, IST VERNÜNFTIGER Karl Feldkamp

können, ist nicht unsinnig, sondern kann uns durchaus weiterbringen und zu einer Weiterentwicklung beitragen.

Ich war achtzehn Jahre alt, völlig blank und hatte seit Längerem nichts mehr zu essen im Kühlschrank. Mit der Miete war ich schon zwei Monate im Rückstand, das Geld zum Tanken war auch rar. Vielleicht kennen Sie solche Situationen oder haben davon gehört. Man fühlt sich wie ein Versager und fragt sich ernsthaft, wie es weitergeht. Zum Glück konnte ich ein paar persönliche Dinge verkaufen und verfügte wieder über Geld, um zu tanken und zur Arbeit zu fahren. Damals arbeitete ich länger und härter als alle meine Freunde. Diese Erfahrung war so entscheidend und nachhaltig in meinem Leben, dass ich mir schwor, nie wieder ohne Geld dazustehen. Es gab auch danach Zeiten, in denen es eng wurde, aber vollkommen ohne Geld stand ich nie wieder da.

CHANCE STATT CHANGE

Heute weiß und sage ich, dass diese harte Zeit fast ohne finanzielle Mittel zu den besten und lehrreichsten Erlebnissen zählt, die mir passieren konnten. Ich möchte diese Erfahrung nicht missen und würde sie auch nicht aus meinem Leben streichen wollen, selbst wenn das möglich wäre.

Seit dieser Zeit achte ich bei riskanten Entscheidungen darauf, dass ich immer liquide bleibe. Ich habe aus der Erfahrung in meinen jungen Jahren entscheidende Konsequenzen gezogen, ich habe sie als Lernchance begriffen. Als ich mich zum Beispiel selbstständig gemacht und ein Haus gebaut habe, hatte ich vor allem bei finanziellen Überlegungen diese Erfahrung stets im Hinterkopf. Sie hilft mir heute noch, finanziell gute Entscheidungen zu treffen.

Diese Erfahrung war also nur eine vermeintlich negative. Und so ist es mir mit vielen weiteren Lebenssituationen ergangen. Fehler machen ist gut. Aus Fehlern nichts lernen ist Dummheit. Darum handhabe ich es heute so:

- Ich lege regelmäßig eine Liste an, auf der ich all meine falschen Entscheidungen und Fehler notiere, die ich in meinem Leben getroffen habe beziehungsweise die mir unterlaufen sind,
- um dann Punkt für Punkt, Entscheidung für Entscheidung, Fehler für Fehler zu prüfen, welche dieser Entscheidungen und Fehler zu meiner Weiterentwicklung beigetragen haben.

So stelle ich regelmäßig fest, welche meiner Entscheidungen und Fehler mein Leben letztendlich in eine produktive Richtung gelenkt und weiterentwickelt haben.

46 AM ENDE WIRD ALLES GUT – UND WENN ES NICHT GUT IST, DANN IST ES AUCH NICHT DAS ENDE

Ich erinnere mich an eine Situation, in der ich große Zweifel hatte, ob es mir jemals gelingen würde, dieses Buch zu einem guten Ende zu bringen. Doch eine radikale Neuorientierung hat mich damals gerettet. Für mich ist diese Geschichte der Beleg, dass es meistens nicht reicht, lediglich an der Veränderungsschraube zu drehen. Erst eine radikale Neujustierung führt zu einer echten Verbesserung. Doch lassen Sie mich die komplexe Geschichte von Anfang an erzählen.

Ich war damals bei knapp der Hälfte meines Buches angekommen – und nichts ging mehr. Blackout, Brett vor dem Kopf, Schreibblockade? Und das kurz vor dem Jahreswechsel. Was war nur los?

Die Ideen, die ungefähren Inhalte der einzelnen Kapitel und auch die Storys – alles lag mir vor. Allein das Schreiben auf meinem iPad wollte nicht mehr so flüssig gelingen wie zuvor. Ich schaffte es einfach nicht, meine Gedanken aufs Papier zu bringen.

Bei manchen Kapiteln zuvor war es oft nur darum gegangen, das, was sich in meinem Kopf angesammelt und aufgestaut hatte, quasi auf das Papier zu kippen. Zuweilen hatte ich mich in einem regelrechten Schreib-Flow befunden. Sie kennen ja jenen Flow-Zustand, als dessen Entdecker der Glücksforscher Mihály Csíkszentmihályi gilt und in dem wir ganz in der Aufgabe, mit der wir uns gerade beschäftigen, aufgehen und mit uns und unserem gegenwärtigen Tun im Reinen sind. Doch jetzt war alles anders. Es lief nichts mehr. Die Texte lasen sich nicht mehr so gut. Die Motivation war unterirdisch.

Dabei hatte ich so viel verändert, damit es wieder läuft: Ich stand früher auf, legte immer wieder Schreibpausen ein, aß regelmäßig und hatte viele meiner Termine ins neue Jahr verschoben. Ver-

DIE SUMME DEINER GEDANKEN GESTALTET DEINEN TAGESABLAUF UND DEIN RESTLICHES LEBEN Irina Rauthmann

schiedene Plätze im Haus, in dem ich wohnte und die Tastatur bearbeitete, hatte ich auf ihre Schreibtauglichkeit hin überprüft. Bisher schien es an einer ganz bestimmten Stelle in meinem Wohnzimmer ein gutes Schreib-Karma zu geben. Doch auch diese Schreibstelle verhalf mir jetzt nicht mehr zum gewohnten Flow.

Dann wollte ich meine Schreibmotivation durch Sport, Feiern und Nichtstun steigern. Was soll ich sagen, das Ergebnis lautete »gefühlte null Prozent Steigerung«, und das wäre schon aufgerundet.

Irgendwann dachte ich schließlich: Okay, keinen Schreiberfolg habe ich schon. Ich schnappte mir also die Schlüssel meines Wohnmobils und fuhr zu den Landungsbrücken in Hamburg. Dort stellte ich das Wohnmobil direkt an das Ufer der Elbe. Das Wasser war nur einen Meter weit entfernt, es regnete in Strömen, und der Wind peitschte nur so über die Stadt. Das Wohnmobil schaukelte leicht hin und her, sodass ich das Gefühl hatte, in einem Boot zu sitzen, während ich auf das Wasser schaute. Links von mir sah ich die Landungsbrücken, dann die Elbphilharmonie sowie die Musical-Gebäude, zu denen man nur per Schiff gelangen kann, um sich zum Beispiel *Der König der Löwen* und *Das Wunder von Bern* anzuschauen und anzuhören. Unzählige Schiffe jeder Größe zogen von links nach rechts und von rechts nach links. Hier hatte ich schon oft in meinem Wohnmobil übernachtet, die Stimmung ist bei Tag wie bei Nacht unbeschreiblich schön. Oft habe ich schon versucht, diese Stimmung auf einem Foto festzuhalten. Aber ich fürchte, dies ist mir nie gelungen.

Jetzt jedenfalls schaute ich genau auf das Dock 10, das auf der anderen Seite der Elbe liegt. In Docks werden Schiffe und Jachten wieder seetüchtig gemacht, so manches Schmuckstück habe ich dabei schon bewundern dürfen. Nun las ich die Werbeaufschrift auf diesem Dock gegenüber:

WIR ZÄHLEN SCHON DIE SEKUNDEN

Der Hintergrund der Aktion: Die Elbphilharmonie Hamburg feierte ja am 11. und 12. Januar 2017 ihre große Eröffnung. Ein digitaler Sounddown zählte ab dem 1. Januar 2017 die letzten 1.000.000 Sekunden bis zum Grand Opening herunter – darum dieser Slogan.

Ich schaute auf die Uhr. Aber die Sekunden brauchte ich nicht zu zählen, obwohl der Abgabetermin für das Buch bedrohlich näher rückte. Nur noch vierzehn Tage. »So kann es nicht weitergehen«, dachte ich. »Ich muss wieder in den Schreib-Flow gelangen. Veränderungen allein helfen nicht weiter. Ich muss drastischere Maßnahmen ergreifen und meine Gewohnheiten komplett überdenken.« Anstatt im Haus nach einem geeigneten Schreibplatz zu suchen, entschloss ich mich, ab sofort an einem ganz anderen, an einem neuen Ort zu schreiben und mein Alltagsverhalten nicht einfach nur zu verändern oder anzupassen. »Ich werde ab sofort alles infrage stellen und meinen Tagesablauf radikal auf das Schreiben abstimmen und vollkommen neue Gewohnheiten entwickeln.«

Mein Tagesablauf sah bisher so aus: circa 7:30 Uhr aufstehen, danach ins Bad. Duschen, Zähne putzen, rasieren und chic anziehen. Danach kleines Frühstück gefolgt von den ersten Telefonmeetings. Zwischen 12:00 und 13:00 Uhr Lunch, bis abends mit Kunden im Gespräch. Wenn noch Zeit und Lust vorhanden waren, ging ich joggen oder ins Fitnessstudio. Manchmal schaute ich am Abend mit meiner Freundin auch noch einen schönen Film. Oder wir verabredeten uns mit Freunden oder machten was Nettes mit den Kids. Zwischen Mitternacht und ein Uhr nachts lag ich dann meistens im Bett.

CHANCE STATT CHANGE

Und das ist mein neuer Tagesablauf, den ich seit jener Nacht am Elbufer befolge: ausschlafen, das bedeutet, ich stehe nicht vor neun Uhr auf. Danach ins Bad, aber nur Zähneputzen und Katzenwäsche sind angesagt. Jogginganzug oder bequeme Sachen anziehen, Kaffee, ab ins Wohnmobil und losfahren.

Dort, wo es schön ist, bleibe ich einfach stehen, denn mein neuer Schreibort ist jetzt mein Wohnmobil. Hier kann ich meinen Standort und somit auch meinen Standpunkt jederzeit meinem emotionalen Zustand anpassen. Oder eine neue Sicht auf die Dinge gewinnen. Trotzdem erhalte ich mir mein gemütliches und gewohntes Umfeld. Denn ich bin jetzt dort zu Hause, wo ich mit meinem Mobil stehe. Ich sitze also in meinem Schreibmobil und schreibe, bis die Tastatur glüht. Wenn ich müde werde oder Hunger bekomme, kann ich das »auf dem kleinen Dienstweg« erledigen, denn mein Wohnmobil ist nun Schreibstätte, Restaurant und Schlafstätte zugleich.

Zwischendurch vertrete ich mir die Beine, mache Sport oder gehe in die Therme. Das mache ich so lange, bis ich zufrieden bin mit dem, was ich geschrieben habe. Die Zeit vergeht so wie im Flug, und nicht selten schlägt irgendeine Kirchenuhr vier Uhr nachts – und ich bin immer noch im Schreib-Flow. Kein Problem, denke ich, wenn es läuft, ist es auch in Ordnung, dass der Schlaf zu kurz kommt. Irgendwann jedoch geht es nicht anders, und ich falle todmüde, aber happy ins Bett.

Doch egal, was ich mir vorgenommen habe: Der Tag hört erst auf, wenn mein Tagesziel erreicht ist und ich zufrieden bin. Denn dem Ergebnis, und somit meinem Ziel, ist es völlig gleichgültig, warum es nicht erreicht wurde. Und wenn es mal nicht so läuft, sage ich mir selbst: »Am Ende wird es gut sein, und wenn es nicht gut war, dann ist es auch nicht das Ende.« Dieser Satz motiviert mich und lässt mich aufblicken, wenn es mal nicht so klappt, wie ich es mir vorstelle. Und dieser Satz motiviert mich, wieder aufzustehen, wenn ich am Boden liege und mal wieder glaube, gescheitert zu sein.

Sie halten den Beweis in der Hand, dass mein Buch dann doch noch fristgerecht fertig wurde. Ob es all die Mühen und Strapazen wert war, kann ich mit einem klaren Ja beantworten. Ob es gut ist und Ihnen Freude beim Lesen bereitet, das entscheiden Sie allein. Ich wünsche es Ihnen von Herzen. Ich jedenfalls habe aus diesem Erlebnis für mich den Schluss gezogen, dass wir oft nur dann zu wirklichen Verbesserungen gelangen können, wenn wir aus dem Gewohnten (dem Tagesablauf) ausbrechen und neue Gewohnheiten (neuer Tagesablauf) aufbauen.

47 MACH'S EINFACH, KOMPLIZIERT KANN JEDER!

Kennen Sie den Kabarettisten, Schauspieler und Schriftsteller Werner Finck? Er lebte von 1902 bis 1978 und brachte das Besprechungsunwesen, das uns alle so enorm viel Zeit, Geld und Nerven kostet, auf den Punkt: »Eine Konferenz ist eine Sitzung, bei der viele hineingehen und wenig herauskommt.«

Daran erinnere ich mich, als ich jetzt schon zwei Stunden in diesem Kick-off-Meeting sitze, in dem die Probleme der letzten Jahre bis ins Detail zelebriert und diskutiert werden. Ich stelle mal wieder fest: Zu jeder Lösung gibt es ein neues Problem, bei jeder Lösung gibt es eine Person, die daraus wieder ein neues Problem macht. Übereinstimmung herrscht lediglich bei der gemeinsamen Überzeugung, dass sich etwas ändern muss. Direkt. Sofort. Vollumfänglich. Wenn es aber konkret wird und an die Umsetzung geht, preschen die Bedenkenträger nach vorne.

Die Motivation ist bei den meisten Teilnehmern im Keller, und ich frage mich, wie lange ich dies noch durchhalte, ohne meine Klappe aufzureißen. Dabei ist genau dies der Grund, warum ich hier bin: nichts sagen, nur beobachten.

Einfach mal die Klappe halten – was mir allerdings von meinem Naturell her eher schwerfällt. Doch dieses Vorgehen ist mittlerweile mein persönliches Erfolgsritual. Wenn es darum geht, so schnell wie möglich den Engpass, ja die genaue Ursache der Probleme meiner Kunden herauszufinden, muss ich erst einmal genau zuhören.

So auch mit diesem Kunden aus Stuttgart, der ein führender Hersteller von Antriebstechniken ist. Einer der Geschäftsführer hat mich beauftragt, die Kommunikationskultur in seinem Unternehmen konstruktiver und lösungsorientierter zu gestalten. Er rechnet damit, dass die goldene Lösung wohl in einem umfassenden Veränderungsprozess bestehen muss.»Ich vermute, wir müssen alle Prozesse um 180 Grad drehen und die Dinge von den Füßen auf den Kopf stellen. Das wird bestimmt ganz schön kompliziert – und teuer.«

WENN ES ZU JEDER LÖSUNG EIN PROBLEM GIBT, DANN HAT AUCH JEDES PROBLEM EINE LÖSUNG. DARUM FRAGE DICH: BRINGE ICH DIE LÖSUNG ODER BIN ICH DAS PROBLEM?

Von seinen Kunden hat mein Kunde das Feedback bekommen, dass die Konkurrenz schneller darin sei, Lösungen zu finden. Die Kommunikationsprozesse seien beim Wettbewerb viel einfacher strukturiert als in seiner Firma. Der Kunde berichtet, dies sei auch der Grund, warum er den letzten, für ihn so wichtigen Auftrag an einen Konkurrenten verloren habe.

Nachdem ich die Zusage für ein Vertriebstraining mit einem parallelen Führungskräfte-Coaching erhalten habe, geht's auch gleich los. Aus Erfahrung weiß ich: Am schnellsten lerne ich die Unternehmenskultur eines Kundenunternehmens kennen, wenn ich an einem ganz normalen Meeting teilnehme. Das spart nicht nur viel Zeit. Der Auftraggeber muss mir auch nicht allzu viele Informationen – die oft auch noch sehr einseitig gestrickt sind und nicht allzu objektiv ausfallen – an die Hand geben, wenn ich mir einen persönlichen Eindruck verschaffen kann.

Nun sitze ich also als stiller Beobachter in einem wichtigen Meeting meines Kunden. Die Geschäftsführer, alle Führungskräfte und die Vertriebsmannschaft sind anwesend.

Schnell merke ich: Auch dieses Meeting wird Werner Fincks Urteil bestätigen. Ein Beispiel: Eine der Führungskräfte erhebt ihre Stimme und sagt den Zaubersatz:»Ich hätte da mal einen Lösungsvorschlag!« Doch wie ein Blitz fällt ihm einer der Geschäftsführer ins Wort:»Interessant, aber so weit sind wir noch nicht, um schon über Lösungen zu sprechen.« Wie ich später erfahren habe, wurde das Hauptproblem, mit dem das Unternehmen zu kämpfen hat – nämlich der Aufbau der Kundendatenbank –, bereits in vorangegangenen Meetings in allen Einzelheiten besprochen. Eigentlich wäre man schon längst dazu in der Lage, über Lösungen nachzudenken.

Und offensichtlich wurden auch schon Lösungsvorschläge angesprochen. In der Pause höre ich, wie ein Mitarbeiter den anderen fragt:»Entschuldigen Sie, lieber Kollege, wie lautet noch mal Ihr Lösungsansatz, den Sie letzte Woche in Ihrem genialen Vortrag beschrieben haben?« Der Kollege antwortete überrascht:»Lösung? Habe ich doch gar keine.« Darauf der Mitarbeiter leicht ironisch:»Das war mir auch schon aufgefallen, ich wollte nur noch mal hören, wie Sie es formulieren.«

Nach neun Stunden ist dieses Trauermeeting vorbei. Endlich, muss ich sagen. Leider laufen knapp 70 Prozent der mir bekannten Meetings so oder ähnlich ab. Dabei wäre es doch so erfolgsentscheidend, dass die Motivation aller Beteiligten, Lösungen zu finden, zu formulieren und zu diskutieren, möglichst hoch ist. Wäre die Kompetenz, lösungsorientiert zu kommunizieren und bei Auseinandersetzungen freundlich miteinander umzugehen, besser entwickelt, wäre bereits viel gewonnen. Oft ist es gar nicht notwendig, eine neue Kommunikationskultur zu etablieren. Es reicht, wenn gewisse Umgangsformen beachtet werden und jeder bereit ist, die Gesprächspartner ausreden zu lassen und ihnen einfach mal intensiv zuzuhören.

Die Wirklichkeit sieht anders aus: Die Suche nach Schuldigen steht im Fokus, jeder konzentriert sich darauf, seine Sicht der Dinge darzustellen und zu verteidigen, die Problemdarlegung und die negativen Dinge stehen im Mittelpunkt.

Nun aber zurück zu dem Meeting: Unmittelbar nach dem Meeting setze ich mich mit der Geschäftsleitung zusammen, um meine Beobachtungen und Verbesserungsvorschläge zu besprechen. Mein Resümee: Probleme werden bis ins Detail diskutiert, Verbesserungsvorschläge gibt es nur am Rande, und wenn, werden sie von den Problempropheten mit neuen Weltuntergangsszenarien abgebügelt. Doch in einem sind sich alle einig: Es muss sich etwas verändern, so geht es nicht weiter.

Der Geschäftsführer, der mich beauftragt hat, fragt mich nach meiner Einschätzung. Meine Antwort: »Mir fällt vor allem auf, dass Sie jedes Jahr anscheinend viele Dinge verändern, die die Dinge vor allem verkomplizieren. Auch in diesem Meeting haben Sie beschlossen, das Berichtswesen um weitere Punkte zu erweitern, eine zusätzliche Verkaufs- und Lagertabelle einzuführen und die Struktur der Verkaufsgebiete zu verändern. Für mich ist das bloßer Veränderungsaktionismus, nach dem Motto: Wir haben ein Problem, also müssen wir irgendetwas verändern. Egal was. Nach der Notwendigkeit und Sinnhaftigkeit der Veränderung wird schon gar nicht mehr gefragt.«

CHANCE STATT CHANGE

Was heißt das, was bedeutet das konkret? Nun: Oft ist weniger mehr. Zuweilen genügt es, an ganz kleinen Stellschrauben zu drehen, um große Wellen zu erzeugen. Machen Sie es sich einfach und legen Sie den Fokus auf Ihre »Erfolg Produzierenden Aktivitäten« – die EPA. Das Motto dabei (das ich jetzt in der Runde darstelle): »Macht es nicht zu kompliziert, es geht auch anders: kurz und bündig, genau und richtig, einfach einfach! Denkt nicht immer gleich an den großen Veränderungsprozess! Denkt an das Selbstverständliche! Konzentriert euch auf das, was ihr gut könnt und was ohnehin funktioniert. Verbessert das, was klappt, stetig und kontinuierlich, anstatt alles über den Haufen zu werfen. Das muss nicht immer zum Erfolg führen, das wird nicht immer zum Erfolg führen, aber fangt damit an, bevor ihr alles auf den Kopf stellt!«

Wenn nun der eine oder andere Leser einwirft, dass bei dem Kunden aus Stuttgart die eine oder andere Veränderung sinnvoll sein könnte, antworte ich: richtig! Das gilt zum Beispiel für den Ablauf seiner Meetings: Wie also lassen sich zwei Meetingstunden oder mehr auf einen Bruchteil der Zeit reduzieren und dabei trotzdem bessere Ergebnisse erzielen? Ich habe dem Kunden einige Vorschläge unterbreitet: »Laden Sie nur noch diejenigen Mitarbeiter und/oder Kollegen zum Meeting ein, die wirklich anwesend sein müssen, weil sie nämlich einen substanziellen Beitrag zur Erreichung des Besprechungs- ziels leisten können. Oft genügt es, mit den anderen ein kurzes Vieraugen- gespräch zu führen und besprochene Aufgaben nachfolgend zu delegieren. Formulieren Sie überdies ein klares Ziel: ›Die Teilnehmer des Meetings am 12. Januar sollen zu folgendem Problem eine Lösung finden: ...‹ Und dann legen Sie eine Agenda fest. Präzise. Zielorientiert. Im Detail. Hinzu kommt: Sie verteilen Aufgaben – nicht im Meeting, sondern vorher: ›Frau Schmitt, berichten Sie höchstens zwei Minuten lang von Ihren Gesprächsergebnissen mit dem Lieferanten XY.‹«

Also: kein Meeting mehr ohne Auftragsvergabe und Vorgabe eines Zeitfens- ters. Die klaren Aufträge zwingen die Teilnehmer, sich gründlich vorzuberei- ten. Entscheidend aber ist: Im Fokus steht die Problemlösungsorientierung. Es findet zwar eine Problembeschreibung statt – jedoch nur, um eine Grund- lage für die Lösungsfindung zu haben. Wenig Zeit für die Beschwerde, viel Zeit für konstruktive Redebeiträge, die die Runde voranbringen. Sie wissen ja: Die Beschwerde-Ente sieht in jeder Chance das unlösbare Problem, die Schwierigkeit – sie jammert und quakt unaufhörlich. Der stolze Adler hin- gegen geht lösungsorientiert vor, er freut sich auf die Herausforderung, er agiert und gestaltet.

Das Ende vom Lied: Der Kunde aus Stuttgart konnte seine Meetings, die meistens an die zwei Stunden dauerten, auf knapp eine halbe Stunde verkürzen. Das war der Ausgangspunkt, um im Unternehmen an mehreren kleinen Stellschrauben zu drehen und auch in anderen Bereichen eine problemorientierte Ausrichtung durch eine problemlösungsorientiertere Haltung abzulösen. Das Unternehmen ist noch dabei, sich Schritt für Schritt jene kleineren Stellschrauben vorzunehmen. Die Geschäftsleitung hat es zu ihrem Grundsatz gemacht, dass es zumindest nicht immer nötig ist, den ganz großen Changeprozess auf die Schiene zu setzen, um Verbesserungen zu erzielen.

48 AUF HUNDERT BESSERWISSER KOMMT NUR EIN BESSERMACHER

Nach der Veröffentlichung einiger Presseartikel, ein paar Vorträgen in regionalen Marketingklubs und einem Anruf bei dem Veranstalter wurde ich zur CRM-Messe in Köln eingeladen, um als Experte zum Thema »Digitales Beziehungsmanagement« zu referieren. Ich war einer von acht Referenten, die jeweils einen einstündigen Vortrag mit anschließender Podiumsdiskussion halten durften.

Am Vorabend gab es ein gemeinsames Abendessen mit allen Referenten und dem Moderator. Der Moderator begrüßte mich, und ich setzte mich an einen runden Tisch, an dem die Kollegen bereits Platz genommen hatten. Sofort legte der Moderator los. Ziel des heutigen gemeinsamen Abendessens sei es, dass wir uns kurz vorstellten und unsere Themen aufeinander abstimmten, damit es am nächsten Tag für die Zuhörer zu interessanten und spannenden Vorträgen käme. Er erteilte dann dem anscheinend ältesten Referenten das

Wort, im Uhrzeigersinn stellte sich jeder von uns kurz vor. Der Zufall wollte es, dass ich der Letzte in der Vorstellungsrunde war.

Ich war mit Abstand der jüngste Referent und musste während der Vorstellungsrunde zur Kenntnis nehmen, dass ich mich in einer hochkarätigen Runde befand, in der sich ausschließlich Professoren und Doktoren versammelt hatten, die nicht nur auf eine enorme Lebenserfahrung, sondern auch auf ellenlange Veröffentlichungslisten mit hochwissenschaftlichen Beiträgen zurückblicken durften. Mit einer Ausnahme ...

ÄNDERE NUR DAS, WAS DU BESSER MACHEN KANNST

Ich kam mir in der Runde also leicht verloren vor. Als der Moderator meinen Namen nannte, fiel ihm einer der Professoren ins Wort. »Hagmaier, den Namen habe ich schon mal gehört ... Jetzt fällt es mir wieder ein! Sie haben doch an der Ludwig-Maximilians-Universität in München promoviert – mit welcher Fachrichtung beschäftigen Sie sich doch gleich?«

Nun war ich doch etwas verlegen und sagte spontan, aber doch leicht verunsichert: »Meine Fachrichtung ist das Machen.« Nach einer kurzen Pause völliger Ruhe sagte der Moderator mit einem Lächeln: »Interessant, dieses Themenfeld ist bisher von unseren Referenten noch nie abgedeckt worden.« Nun lachten alle, und ich war sehr erleichtert.

Auch die Zuhörer am nächsten Tag waren sichtlich begeistert. Meine praktischen Erfahrungen, die ich in meinem Vortrag anschaulich darstellen konnte, wussten zu überzeugen. Jedenfalls war dies bei der Mehrheit des Publikums der Fall. Die Theorien und Strategien und die zukunftsweisenden Denkanstöße meiner sieben Kollegen waren gleichfalls wichtig und interessant. Aber meine Ausführungen, die um die Frage kreisten, wie sich Innovationen in Unternehmen im Bereich des Digitalen Beziehungsmanagements konkret anwenden und umsetzen ließen, stellten aus Sicht der Zuhörer eine interessante Ergänzung zu den eher theoretischen Äußerungen meiner Kollegen dar. In der anschließenden Diskussion rankten sich die meisten der Fragen, die das Publikum stellte, um die Umsetzungsfragen, die ich in meinem Vortrag aufgeworfen hatte.

Auch der Veranstalter gratulierte mir nach einer Woche während unseres Feedbacktelefonates. »So eine Topbewertung hat bis jetzt noch kein Referent erhalten«, sagte er voller Begeisterung. Einer der anderen Teilnehmer hatte mich gar als Bessermacher beschrieben. Seitdem trage ich bei uns im Team den Spitznamen »Der Bessermacher«.

CHANCE STATT CHANGE

Nun fragen Sie sich vielleicht, was diese schöne und vielleicht auch unterhaltsame Anekdote mit den Buch-Themen zu tun hat. Nun: Seit diesem Erlebnis auf der CRM-Messe stehe ich konsequent und selbstbewusst dazu, dass es wichtig ist, neben den theoretischen Überlegungen immer auch die praxisorientierten Implikationen zu stellen und sich konkret zu fragen, zu welchen Verbesserungen etwa eine neue Theorie, Überzeugung oder Einstellung führt.

Praxis- und umsetzungsorientierte Menschen, die sich nicht gerne mit theoretischen Erörterungen beschäftigen, sondern immer gleich die Frage stellen: »Zu welchen konkreten Verbesserungen führt denn dieses oder jenes?«, werden zuweilen von oben herab belächelt. Aber ist es nicht so, dass die Theoretiker lediglich wissen, was man besser machen könnte, aber oft Schwächen in der Umsetzung haben, also beim Machen? Umgekehrt ist es wahrscheinlich genauso.

Der norwegische Schriftsteller Henrik Ibsen hat dazu gesagt: »Ich kenne wenige Weltverbesserer, die imstande sind, einen Nagel richtig einzuschlagen.« Wir brauchen beides: die Besser-Wisser und die Besser-Macher. Ich jedenfalls habe mit der Fragestellung, wie sich durch konkretes Handeln und Tun kontinuierlich Verbesserungen herbeiführen lassen, mein Lebensthema gefunden. Und das mag dazu führen, dass ich vielleicht manchmal etwas zu pedantisch auf den Unterschied zwischen Veränderung und Verbesserung poche: Wer Stärken stärkt, setzt auf Weiterentwicklung und Verbesserung. Wer Schwächen reduzieren will, eher auf Veränderung. Darum ist die Fokussierung auf die Stärken von so elementarer Bedeutung.

49 ARBEITE KLUG - NICHT HART!

Eine Vertriebsakademie in Münster hatte mich als Keynote-Speaker zum Thema »Zielvereinbarungsgespräche« gebucht. Der Veranstaltungssaal war so richtig schön voll besetzt. Über dreihundert Geschäftsführer, Bereichsleiter, Teamleiter und Vertriebsführungskräfte erwarteten voller Spannung meine innovativen Vorschläge, wie sich das anscheinend recht verbrauchte Thema Zielvereinbarungsgespräche doch noch mit neuem Leben füllen ließ. Erwartungsvolle Spannung – dies wohl auch, weil der Veranstalter mich in den höchsten Tönen vorgestellt, gelobt und als innovativen Querdenker angepriesen hatte.

Ich mag das überhaupt nicht, wenn die Erwartungen der Zuhörer noch künstlich in die Höhe getrieben werden, vielleicht auch, um eine Veranstaltung in ein noch besseres Licht zu rücken. Jedenfalls machte mich die Lobhudelei auch jetzt in Münster nur noch nervöser. Ich finde es besser, wenn Moderatoren lediglich den vorgefertigten Ansagetext ohne unnötige Übertreibung vortragen und ihn dabei am besten nicht einfach ablesen, sondern frei reden und damit authentisch sind.

An dieser Stelle halte ich es gerne mit meinem Freund Faisal Maywand – der Unternehmer lebt nach dem Motto:»Tief stapeln, hoch überraschen«. Und genauso überrascht waren auch die Zuhörer, als ich den Vortrag mit folgender Aussage begann:»Vergessen Sie Ihre Zielvereinbarungsgespräche! In den meisten Fällen handelt es sich lediglich um Ihre eigenen Ziele, weil Sie irgendetwas, das Ihnen nicht passt, verändern wollen. Was nützt das Ihren Mitarbeitern? Mit Vorgaben erschrecken und verschrecken Sie sie doch nur. Besser ist es, mit ihnen Vereinbarungen zu treffen, die zu wirklichen Verbesserungen führen.«

Ich will Sie jetzt nicht mit allzu vielen Details langweilen, viel berichtenswerter ist, dass nach dem Vortrag ein Zuhörer, ein Vertriebsleiter, zu mir kam und sagte, dass es seinen Mitarbeitern und ihm genauso ergangen sei, wie ich es gerade geschildert hatte.»Unsere Zielvereinbarungsgespräche haben im Weihnachtsmonat stattgefunden. Im Februar dann mussten wir enttäuscht konstatieren, dass die Mitarbeiter die Vorgaben kaum einhalten konnten. Was können wir denn jetzt noch tun?«

CHANCE STATT CHANGE

Wer meinem Vortrag genau zugehört hatte, kannte die Antwort:»Führen Sie solche Gespräche in Zukunft doch einfach nicht mehr! Jedenfalls nicht nach dem klassisch-traditionellen Muster: ›Lieber Mitarbeiter, hier sind deine Zielvorgaben, und jetzt versuche, sie zu erreichen.‹ Aber natürlich sollen Sie sie auch nicht einfach ersatzlos streichen. Es ist schon richtig, wenn Sie mit Ihren Mitarbeitern konkrete Ziele vereinbaren und sich dazu deren Ja-Wort, also ihre Zustimmung, einholen: ›Ja, Boss, das sind Ziele, die ich verwirklichen will, weil ich sie für richtig und erstrebenswert halte!‹ Wichtig ist, dass sich dann beide Seiten mit den Zielen einverstanden erklären.«

Der Vertriebsleiter war noch nicht so richtig überzeugt:»Das allein soll genügen? Vereinbarungen, zu denen der Mitarbeiter sein Ja-Wort gibt?«

»Nein«, erwiderte ich,»der entscheidende Schritt kommt jetzt: Sie unterfüttern die Zielvereinbarungen mit punktgenauen Aktivitäten und zwar möglichst mit EPA« – Sie wissen ja schon aus Change Fuck 47, dass damit Erfolg Produzierende Aktivitäten gemeint sind.»Legen Sie im konstruktiven Gespräch mit jedem Mitarbeiter fest, WIE und mit welchen Umsetzungsaktivitäten er seine Ziele erreichen kann und soll. Das Zielvereinbarungsgespräch entwickelt sich zur Aktivitätenvereinbarung, und zwar mit der klaren Absicht, dass ein Mitarbeiter sich Schritt für Schritt verbessert und so der Vereinbarung immer näher rückt.«

WER ZIELE VORGIBT, SCHEITERT. WER ZIELE VEREINBART, GELANGT ZU VERBESSERUNGEN

Ich habe dem Vertriebsleiter ein ausführliches Beispiel gegeben, das ich hier kurz zusammenfasse: Herzstück einer Vereinbarungskultur ist, dass die Zielfestschreibungen nicht aus einem reinen Zahlenwerk à la»zehn Prozent mehr Umsatz bis Jahresende« bestehen, sondern dass mit jedem Mitarbeiter Aktivitäten vereinbart werden, die zeitlich und qualitativ ganz klar beschrieben werden und mit denen sich der Mitarbeiter einverstanden erklärt. Während die Umsatzsteigerung von zehn Prozent das Ziel darstellt, beschreibt die Aktivitenliste den konkreten Weg zur Zielerreichung. Der Zielsetzung wird ein Maßnahmenpaket vorgeschaltet: pro Woche sechs Termine mehr vereinbaren, zehn Neukunden mehr ansprechen, vier zusätzliche Kundenbesuche absolvieren.

Der Vertriebsleiter nutzt Kennzahlen, die gemessen, überprüft und auf die individuelle Situation eines jeden einzelnen Mitarbeiters angepasst werden können. Denn während der Verkäufer Schmidt sein Potenzial eher ausschöpfen kann, indem er seine Kaltakquisition verstärkt, liegt die Stärke der Kollegin Huber darin, Stammkunden mit neuen und maßgeschneiderten Angeboten zu überzeugen.

Das Prinzip ist klar: Im neuen Zielvereinbarungsgespräch geht es nicht darum, Ziele festzulegen. Nein, im Fokus stehen die umsetzungsorientierten Schritte, Aktivitäten und Maßnahmen, die zu konkreten Verbesserungen führen. Und in diesem Zusammenhang legt der Vertriebsleiter mit den Verkäufern auch gleich noch fest, was sie tun können, wenn etwas nicht wie gewünscht läuft: »Welche Hindernisse könnten auftreten? Wie lassen sie sich vermeiden?«

Es werden bereits im Vorfeld, bevor ein Hindernis überhaupt erst auftritt, mögliche Lösungswege besprochen und vereinbart. Wenn es mit der Zielerreichung nicht funktioniert, können der Verkäufer und der Vertriebsleiter anhand der vereinbarten Aktivitäten untersuchen, woran es gelegen hat. Sie prüfen, was verbessert werden muss: »Herr Verkäufer, wenn Sie die vereinbarte Anzahl der Kundengespräche nicht realisieren können, sollten wir über Ihr Zeitmanagement reden!« Wenn eine Vereinbarung also nicht erreicht werden konnte, liegt die Lösung zur Verbesserung schon auf dem Tisch.

50 PLANST DU NOCH, WAS DU TUN WILLST, ODER TUST DU SCHON DAS, WAS DU NICHT MEHR PLANEN MUSST?

Wenn es um die Selbstorganisation und die Ziel- und Zeitplanung geht, können Sie viele Bücher lesen und Seminare besuchen – der mögliche Input ist unendlich.

Ich habe viele Zeitmanagementseminare besucht und Bücher darüber gelesen und die darin geschilderten Techniken oft selbst genutzt, etwa die zur Zielfestlegung. Es gibt große Unterschiede, und doch haben die meisten dieser Techniken eines gemeinsam. Die meisten Techniken und Methoden sind nichts als Theorie und passen selten auf den persönlichen Typ. Das habe ich zumindest bei mir so festgestellt.

Leider oder Gott sei Dank bin ich ein spontaner Typ, der sich ungern verplant. Ich hasse es, schon morgens zu wissen, was der Tag mir bringt. Obwohl ich genau weiß, dass eine gewisse Ziel- und Zeitplanung sinnvoll ist, lasse ich mich doch lieber von den Menschen überraschen, die mir begegnen. Während eines spontanen Kaffeeplauschs oder eines kurzen Gesprächs am Wegesrand erfährt man so unendlich viel und Interessantes über einen Menschen. Und manchmal denke ich: Wenn ich mit einer Aufgabe heute nicht fertig werde, dann kann ich es auch morgen tun! Wie heißt es so schön: Oft sind dringende Dinge nicht wichtig – und wichtige Dinge nicht dringend.

Planung ist wichtig – aber zuweilen stört sie aus meiner Sicht doch die Lebensqualität. Und darum sind halt einige Techniken für mich eher kontraproduktiv. Konkretes Beispiel: Es heißt, es sei wichtig, am Abend die Aufgaben für den nächsten Tag zu planen. Wenn ich das mache, denke ich: »Hm, dann müsste ich ja auch wissen und berücksichtigen, wie ich mich morgen in der Frühe fühle und was an ungeplanten Dingen auf mich zukommt. Wenn dann tatsächlich etwas Unvorhergesehenes passiert – wie etwa ein großer Stau auf einer Strecke, auf der ansonsten der Verkehr fließt –, kann ich die ganze Planung über den Haufen werfen. Nicht jeder wird daraus den Schluss ziehen, weniger oder gar nicht zu planen. Aber das wäre doch zumindest eine Option!

OFT SIND DRINGENDE DINGE NICHT WICHTIG – UND WICHTIGE DINGE NICHT DRINGEND

Oder: Ein Mitarbeiter im Büro wird krank – und diese unvorhersehbare Tatsache erzeugt im Zusammenhang mit all dem Aufwand, der für die Vorplanung notwendig war, mehr Stress und Mehrarbeit, als wenn wir das Ganze etwas lockerer angegangen wären und spontan(er) reagiert hätten. Ich weiß, solche Argumente zählen für richtige Planungsfanatiker wenig, aber für mich zählen sie. Bitte verstehen Sie mich nicht falsch: Ich habe natürlich Termine, die ich einhalten muss, und Meetings, bei denen das pünktliche Erscheinen wichtig ist – aber warum sollte ich meinen Tag beziehungsweise 50 Prozent meines Tages mit allem Möglichen verplanen, nur um mir so unnötigen Stress einzufangen?

CHANCE STATT CHANGE

Darum habe ich mich entschlossen, eine andere und genau auf mich angepasste Strategie zu leben. Diese Strategie passt in jeder Situation meines Lebens und erzeugt keinen unnötigen Stress. Die einfache Herangehensweise steigert meine Lebensqualität um ein Vielfaches. Hier also »My life plan to go«, mit dem ich in drei Schritten Aufgaben, die nicht sofort erledigt werden müssen, priorisiere und bei dem ich meine jeweilige aktuelle Verfassung mit berücksichtige:

Schritt 1: Was passiert, wenn ich diese Aufgabe HEUTE nicht erledige?

Ò Stress   Konsequenz: machen!

Ò Nix   Konsequenz: neu planen!

Schritt 2: Wer kann mich bei der Erledigung unterstützen?

Ò Delegieren an (Namen): _____

Schritt 3: Was passiert, wenn ich gar nichts tue?

Ò Stress   Konsequenz: einplanen!

Ò Nix   Konsequenz: Mülleimer!

51 WER DIE GEWOHNHEITEN ANDERER STUDIERT, LERNT DEN MENSCHEN KENNEN

Ich habe mir vor Jahren eine Erfolgsgewohnheit antrainiert, die ich nicht mehr missen möchte. Ich setze sie vor dem Start eines jeden Führungstrainings ein. Auch wenn der Aufwand manchmal etwas größer ist, hilft es mir und meinen Kunden, die Themen des Führungstrainings in kürzester Zeit praxisnah auf den Punkt zu bringen. Vor dem Training führe ich Briefinggespräche mit verschiedenen Mitarbeitern durch – also nicht mit den Teilnehmern, sondern mit deren Mitarbeitern!

So verschaffe ich mir schnell und ohne viel Drumherum-Gerede einen Überblick der Situation aus der Mitarbeiterperspektive. Entscheidend ist: Ich erfahre, wie die gefühlte Stimmung im Unternehmen ist. Womit beschäftigen sich die Mitarbeiter? Was beschäftigt sie? Welchen Flurfunk gibt es? Welche

Motivationsblockaden oder Demotivationsgründe liegen vor? Wo gibt es mögliche Engpässe? Wie ist es um die Führungskultur im Allgemeinen bestellt?

Es liegt auf der Hand, dass ich dabei oft etwas Anderes zu hören bekomme als die offizielle Version, die von den Führungskräften selbst verbreitet wird. Das hat nichts damit zu tun, dass die Führungskräfte etwas verschweigen wollen. Das hat vielmehr mit den unterschiedlichen Wahrnehmungsperspektiven zu tun: Mitarbeiter und Führungskräfte beurteilen ein und dieselbe Situation oft sehr unterschiedlich.

Nicht selten sind die Führungskräfte überrascht, dass sich ihre Wahrnehmung mit meiner Erfahrung aus den Briefinggesprächen nicht immer deckt. So auch in dem niederschmetternden Fall, als eine Führungskraft von mir erfuhr, dass einige Mitarbeiter schon innerlich gekündigt hatten – damit hatte die Führungskraft nun überhaupt nicht gerechnet. Für mich ist dies ein Beispiel dafür, dass es zwischen Führungskraft und Team oder Mitarbeitern oft schon eine tiefe und unüberbrückbare Kluft der Entfremdung gibt, ohne dass der Chef dies auch nur in Erwägung gezogen hätte.

ZUERST ERSCHAFFEN WIR UNSERE GEWOHNHEITEN, DANN ERSCHAFFEN SIE UNS John Dryden

Innere Kündigung – ein Problem in so gut wie jedem Unternehmen. Woran liegt das? Es reicht heute nicht mehr aus, als Führungskraft nur Ziele vorzugeben und die Ressourcen für die Zielerreichung zur Verfügung zu stellen. Auch der schönste Arbeitsplatz und die besten Rahmenbedingungen stellen nicht sicher, dass Mitarbeiter gerne zur Arbeit kommen und aus eigenem Antrieb heraus ihr Bestes geben wollen. Die Führungskräfte sind gefordert, sich mit den Werten, Talenten, Wünschen und Gewohnheiten ihrer Mitarbeiter auseinanderzusetzen. Das Beziehungsmanagement ist ein wesentlicher Erfolgsfaktor, um Mitarbeiter zu überzeugen und zu Höchstleistungen zu bewegen. Deshalb geht es in meinen Führungstrainings immer auch darum, die Kunst zu erlernen, den Menschen im Team näherzukommen, ihnen nahe zu sein und partnerschaftliche Beziehungen herzustellen, indem die Chefs die Gewohnheiten jedes einzelnen Mitarbeiters studieren. Denn wer die Gewohnheiten eines Menschen analysiert und kennt, lernt diesen Menschen mit seinen Stärken und Schwächen schätzen und kann dieses Wissen für eine mitarbeiterorientierte Führungsarbeit einsetzen. Die Führungskräfte sollten mithin ihre Fähigkeit ausweiten, die Welt ihrer Mitarbeiter zu betreten, Gemeinsamkeiten zu erkennen und zu pflegen und ein Arbeitsklima von gegenseitigem Vertrauen und Anerkennung zu schaffen.

CHANCE STATT CHANGE

Was kann eine Führungskraft tun, um die Gewohnheiten der Mitarbeiter besser kennenzulernen? Das ist eine sehr individuelle Sache, und darum erarbeite ich in meinen Trainings und Coachings mit meinen Teilnehmern stets sehr differenzierte Vorgehensweisen. Aber ich bin auch selbst Führungskraft, und bei mir hat es sich bewährt, die folgenden Grundsätze zu verwirklichen:

Ich entwickle aus einem Distanzverhältnis ein Näheverhältnis. Ich versuche, zu dem Mitarbeiter eine möglichst persönliche Beziehung aufzubauen.

Ich führe eine Art Mitarbeiter-Karteikarte, in der ich alle wichtigen Informationen notiere: Angaben zur Person, Stabilität/Instabilität des Selbstwertgefühls, Umgang mit Kritik, Konfliktverhalten, Kommunikationsverhalten, Verhalten in kritischen und stressreichen Situationen. Diese Karte dient nicht der Überprüfung des Mitarbeiters, sondern bildet für mich die Grundlage, den Mitarbeiter und seine Gewohnheiten im beruflichen Alltag besser kennenzulernen.

Ich begegne dem Mitarbeiter mit Toleranz und Respekt und achte den Menschen im Mitarbeiter. Ich muss nicht permanent Hochstimmung und positive Gefühle verbreiten. Aber die Begegnung in einer Atmosphäre der gegenseitigen Achtung sollte möglich sein.

Ich achte das Selbstwertgefühl des Mitarbeiters. Wenn ich zum Beispiel Fehler anspreche oder Missstände zur Sprache bringen muss, geschieht dies immer nur im Beisein des oder der unmittelbar Betroffenen. Pauschalkritik vor Mitarbeitern, die mit dem Vorfall nichts zu tun haben, stellen den Angesprochenen bloß und greifen sein Selbstwertgefühl an.

Ich achte den Privatmenschen Mitarbeiter: Jeder Mitarbeiter führt ein Privatleben, das er nicht an der Bürotür oder der Fabrikhalle abstreift. Ich erkundige mich ab und zu, wie es zu Hause geht, gratuliere dem Mitarbeiter zum Geburtstag und zeige ihm, dass er mir als Mensch wichtig ist.

Der Ton macht die Musik. Ein freundliches »Guten Morgen«, »Danke schön« und »Tschüss« zeigen: Ich nehme den Mitarbeiter auch als Persönlichkeit wahr und definiere ihn nicht als Rädchen im Getriebe, das im Sinne eines geordneten Arbeitsablaufes zu funktionieren hat. Wenn ich merke, dass ein Mitarbeiter bedrückt ist, frage ich nach, ob er ein Problem hat, bei dessen Lösung ich ihm eventuell behilflich sein kann.

Ich verbessere die äußeren Arbeitsbedingungen. Freundliche Arbeitsplätze oder ein Aufenthaltsraum, in den sich die Mitarbeiter zum informellen Austausch gerne zurückziehen, wirken wahre Wunder.

Jeder Mensch braucht Bestätigung. Wenn ein Mitarbeiter eine gute Leistung erbracht hat, zeige ich ihm, dass ich seine Leistung bemerkt habe: ein Lob zwischen Tür und Angel, eine nette E-Mail, eine positive Erwähnung der Leistung im Mitarbeitergespräch oder in der Teamsitzung.

Es gibt Situationen, in denen ein bisschen Humor Mitarbeiter veranlasst, Problemlösungen initiativ und engagiert auszubügeln, nach dem Motto:»Herr Meier, der Fehler, der Ihnen da unterlaufen ist, ist wahrlich ärgerlich. Aber aus Fehlern wird man klug. Was glauben Sie, wie ich zu meiner Vorgesetztenposition gelangt bin? Also unterbreiten Sie mir bis morgen einen Vorschlag, wie der Fehler ohne allzu großen Aufwand behoben werden kann.«

So entstehen meiner Erfahrung nach eine Atmosphäre und ein Näheverhältnis, die es leichter machen, die Gewohnheiten der Mitarbeiter kennen und schätzen zu lernen.

52 WER ERFOLGS-GEWOHNHEITEN TRAINIERT, WIRD LANGFRISTIG ERFOLGREICHER SEIN

Als Coach und Trainer habe ich nicht nur mit den unterschiedlichsten Menschentypen zu tun, sondern erhalte auch Einblick in die verschiedensten und interessantesten Berufe, etwa dann, wenn ich mit Politikern oder Profisportlern zusammenarbeite. So verhielt es sich auch bei der Coachinganfrage von Robbie, der mit seinen erst zwanzig Jahren bereits sehr erfolgreich als Golfprofi unterwegs war und gutes Geld dabei verdiente.

Als ich ihn fragte, was der Grund seiner Anfrage sei, erklärte er mir, dass man beim Golfen durch routinierte Bewegungsabläufe sein Handicap verbessern könne. Wikipedia sagt uns dazu, dass das Handicap beim Golf eine Kennzahl ist, die die ungefähre Spielstärke eines Golfers beschreibt. Das Handicap ergibt sich aus der Differenz der Schläge, welche zum Beenden eines Platzes benötigt werden.

Ein Profigolfer hat kein Handicap mehr und braucht weniger Schläge, als die Vorgabe zum Ausdruck bringt. Wenn die Bewegungsabläufe aber irgendwann so lange eingeübt und perfektioniert sind, lässt sich über die Technik nicht mehr viel verbessern. Ein Vorsprung vor dem Wettbewerb lässt sich nur noch über mentale Stärke erzielen. Je besser ein Golfer seine Gefühle und Gedanken – quasi von Loch zu Loch – beeinflussen und in den Griff bekommen kann, je besser er also seinen emotionalen Zustand steuert, desto erfolgreicher wird sich für ihn der Spielverlauf gestalten.

Darum ging es Robbie: Ich sollte ihn dabei unterstützen, seine Mentalstärken zu optimieren – es ging ihm um ein mentales Golfer-Coaching. Leider verletzte sich Robbie kurz darauf bei einem Autounfall so schwer, dass er seinen Traum von einer Golfprofi-Laufbahn an den Nagel hängen musste. Ich habe ihn danach noch eine Zeit lang dabei unterstützt, diesen Schicksalsschlag zu bewältigen und zu verarbeiten.

CHANCE STATT CHANGE

Mittlerweile golfe ich selbst, doch nur zum Vergnügen. Es macht mir viel Spaß, und ich verstehe mittlerweile, was ein Spieler leistet, wenn er mindestens 3 ½ Stunden auf dem Golfplatz unterwegs ist – körperlich und mental. Mir fällt es am schwersten, mich nicht ständig über einen verpatzten Schlag so lange zu ärgern, dass die Konzentration darunter leidet. Das gilt vor allem bei dem Putt. Golfen hat viel mit Üben, Üben und Üben zu tun. Entscheidend ist, Gewohnheiten zu entwickeln, die zu einer gewissen Erfolgssicherung führen. Der antrainierte Körperschwung und die Schlaggewohnheiten ziehen oft den gewünschten Erfolg nach sich. Natürlich ist es hilfreich, über ein gewisses Talent zu verfügen. Früher oder später jedoch stößt man an seine Grenzen, und dann hilft es nur noch, durch ein Gewohnheitstraining auf der körperlichen und der mentalen Ebene das nächste Level zu erreichen.

Gewohnheitstraining hilft Ihnen auch, sich von Fehlern zu verabschieden. Dazu ein Beispiel: Versetzen Sie sich noch einmal in die Situation, in der Ihnen der Fehler unterlaufen ist. Erleben Sie in Ihrer Vorstellung, wie Sie sich jetzt idealerweise verhalten und die Situation optimal meistern. Ihr Unterbewusstsein erlebt so in der Vorstellung eine erwünschte Verhaltensweise, und es wird diese Erfahrung speichern und die tatsächlich erlebte »falsche« Verhaltensweise sozusagen überschreiben. Dies gelingt umso besser, je mehr Sie mit der Technik der Visualisierung arbeiten, also ein kräftiges, klares und gefühlsgesättigtes Bild dazu kreieren.

NAHEZU ALLES, WAS WIR TUN, TUN WIR AUS GEWOHNHEIT

Wenn Sie diesen Vorgang mehrfach wiederholen, wird dieses neue und »richtige« Verhalten allmählich zu Ihrer neuen Gewohnheit. Das geschieht besonders leicht, wenn Sie dabei das Gefühl der Zufriedenheit erleben, richtig gehandelt zu haben.

53 DIE WELT IST SO, WIE DU SIE SIEHST

Eine Verbesserung ist der beste Weg, um seine Potenziale auszuschöpfen. Das wurde mir einmal mehr bewusst, als ich – damals noch als Angestellter eines Weiterbildungsinstituts – den Auftrag erhielt, für einen Konzern die Top-Verkäufer im Bereich der Kundenakquisition zu trainieren. Bevor die Trainingsmaßnahme startete, führten wir einen Workshop mit den Führungskräften durch und legten die Vorgehensweise sowie die Rahmenbedingungen fest. In den Pausengesprächen mit einzelnen Führungskräften hörten wir dann: »Die Ziele sind ohnehin unrealistisch und sowieso nicht zu erreichen.« Was denken Sie, auf welche Einstellungen und Meinungen zum Thema »Zielerreichung« wir bei den Top-Verkäufern gestoßen sind? Natürlich dachten die das Gleiche.

Wenn jetzt niemand von außen kommen würde, um die Menschen zu motivieren, doch für die Ziele zu kämpfen – welche Entwicklung würde der Konzern wohl nehmen? Jeder würde sich am Ende des Jahres doch wohl nur bestätigt fühlen:»Das wussten wir von vornherein, die Ziele waren ohnehin nicht zu schaffen.« Was wirklich real zu schaffen ist und was nicht, können wir vielfach nicht bestimmen. Aber wenn wir von Anfang an damit rechnen, es nicht zu erreichen, dann setzen wir nicht unsere kompletten Ressourcen ein. Nur mal angenommen, dieselben Führungskräfte vermitteln ihren Mitarbeitern:»Ja, es ist zu schaffen! Und wir werden alles dafür geben, und ich werde Sie unterstützen, wo immer ich kann.« Wie werden dann die Mitarbeiter über die Ziele denken? Vielleicht ist immer noch einer dabei, der nicht an die Erreichung glaubt. Aber bei den meisten Mitarbeitern werden auf diese Weise positive Energien freigesetzt, die sie verwenden, um alles für die Zielerreichung zu tun.

DIE PFLEGE POSITIVER GEDANKEN IST DER ANTRIEB FÜR DIE REISE AUF DIE SONNENSEITE. EIN KLARES ZIEL UND EIN STARKER WILLE LASSEN UNS AUCH GROSSE HINDERNISSE ÜBERWINDEN

Hier fangen die wirklichen Aufgaben einer Führungskraft an: Sie muss die Mitarbeiter so unterstützen, weiterentwickeln und fördern, dass auch sie an die Erreichung glauben. Es kann gar nicht oft genug betont werden, wie intensiv sich unsere persönliche Einstellung, unsere Körpersprache und unser Tonfall auf die Stimmung und die Motivation in unserem Umfeld auswirken. Welche Signale setzen Sie gegenüber Ihren Mitarbeitern, wenn Sie den ganzen Tag gehetzt, unmotiviert, gestresst und ohne ein Lächeln arbeiten? Wie soll es ein Mitarbeiter interpretieren, wenn Sie müde und lustlos zur Arbeit gehen? Was soll ein Mitarbeiter davon halten, wenn Sie auf der Betriebsfeier über die Geschäftsleitung lästern? Welches Vertrauen soll ein Mitarbeiter in das Unternehmen setzen, wenn Sie Stellenanzeigen am Schreibtisch lesen?

Eine Führungskraft sagte einmal zu mir: »Aber ich bin doch auch nur ein Mensch! Wenn ich nun mal nicht alles gut finde, was die Geschäftsleitung beschließt, kann ich doch nicht so tun, als ob ich dahinterstehe!« Eine stellte eine Gegenfrage: »Welche Auswirkungen hat es, wenn Sie Ihren Mitarbeitern deutlich machen, dass Sie nicht hinter den Entscheidungen der Geschäftsleitung stehen?«

Ich glaube: Die gesamte Mannschaft wäre unzufrieden, die Anstrengungen ließen nach, die Demotivation nähme zu, und die Zufriedenheit mit der Geschäftsleitung sänke.

Sie sehen: So geraten Sie in die Negativspirale. Natürlich, Sie müssen nicht alles gut finden, was die Geschäftsleitung beschließt. Sie sollten auch jederzeit, sofern Sie die Möglichkeit haben, der Geschäftsleitung Ihre besseren Ideen vorstellen. Aber wenn die Richtung einmal festgelegt ist, dann müssen alle am gleichen Strang ziehen – ob man es gut findet oder nicht. Ihr Ziel sollte immer sein, die Mitarbeiter nicht nur für Ihr Team zu motivieren, sondern für die ganze Firma. Dafür sind Sie Führungskraft.

CHANCE STATT CHANGE

Führungskraft zu sein bedeutet vor allem, sich für die Unternehmensziele einzusetzen und sie mitzutragen sowie Verantwortung für deren Erreichung zu übernehmen. Das sind dann die manchmal auch unangenehmen Seiten einer Führungstätigkeit. Wenn das nicht mehr geht, ist es Zeit, zu gehen.

Übrigens: Wer glaubt, ich wolle dem positiven Denken ein Lied singen, der hat recht! Es gibt wissenschaftliche Studien, die die Vorteile einer grundsätzlich optimistischen Einstellung belegen. Natürlich lässt sich mit Studien einiges belegen. Aber was sagen Sie zu dem folgenden Satz: »Denn die Gedanken bestimmen entscheidend das Handeln«? Das behauptet nicht irgendein Motivationsguru, der nach dem Motto »Alles ist möglich« die rosarote Wahrnehmungsbrille des unverbesserlichen Optimisten auf der Nase trägt. Das sagte 2008 der renommierte Sportpsychologe und Mentalcoach Hans-Dieter Hermann in einem *SPIEGEL*-Interview. Hermann gilt als einer der führenden Sportpsychologen und hat 2006 entscheidend zum Gelingen des Fußball-WM-Sommermärchens beigetragen – auch, indem er den Spielern den Blick nach vorn auch in schwierigsten Situationen empfohlen hat.

Hermann ist zwar der Meinung, jeder könne mehr, als er glaubt. Um brachliegende Potenziale zu aktivieren, müsse man jedoch trainieren und üben, üben und trainieren. In dem Interview sagte er weiter:»In erster Linie trainieren wir kognitive Fertigkeiten, also das Verarbeiten und den Umgang mit Informationen. Konzentration auf den Punkt, eine Situation neu bewerten, umschalten, es geht auch um Selbstbewusstsein, den Stresslevel, kurzfristige Selbstmotivation nach Fehlern. Der Kopf kann sozusagen erst wirklich gut mitspielen, wenn die wichtigsten Situationen und Abläufe zum Abruf bereitstehen.« Und wieder einmal geht es um Verbesserungen – durch Training und positive Verstärkung.

54 WER SEINE FEHLER WERTSCHÄTZT, MUSS KEIN NEUES GESCHIRR KAUFEN

Ich sitze im Auto, Rückfahrt von einem Kundentermin, der nicht ganz so günstig gelaufen ist. Na ja, wenn ich es recht bedenke, wirft es mich schon ein Stück weit zurück in meinen Jahreszielen.

In solchen Momenten höre ich zur Ablenkung gerne Radio – und so die folgende Geschichte:

»Die Tasse hat einmal seinem Großvater gehört. Grau mit blauen Sprenkeln und mit einer kleinen Kuhle am Henkel, in die der Daumen hineinpasst. Er liebt diese Tasse, aber jetzt ist der Henkel abgebrochen. Oder die großen Essteller mit dem Rosenmuster. Eigentlich zu groß. Zu Etepetete. Aber ein Geschenk der Lieblingstante zur Hochzeit. Und deshalb gibt es an Weihnachten darauf immer die Gans mit Maronen gefüllt. Aber jetzt ist ein Teller runtergefallen und in zwei Teile zerbrochen.«

Geschirr begleitet uns durchs Leben. Und manchmal verbinden sich mit Tellern und Tassen Geschichten. Gehen sie zu Bruch, dann geht auch ein Stück Erinnerung in die Brüche. Deshalb werden in Japan zerbrochene Schüsseln und Tassen häufig wieder geflickt. Die Japaner haben dafür eine besondere Technik entwickelt: Sie kleben die Bruchstellen mit Gold zusammen. Kintsugi nennt sich die Technik. Und mit dem Gold werden die Bruchstellen und Sprünge im Porzellan nicht vertuscht, sondern sichtbar gemacht. Golden!

Die Japaner finden nämlich: Wenn etwas eine Geschichte hat, dann gewinnt es dadurch gerade an Schönheit. Und durch das Gold trägt die Bruchstelle, das Fehlerhafte und Kaputte, noch mehr zur Schönheit bei. Ein goldener Sprung in der Schüssel – der macht die Schüssel erst richtig schön. Und ich finde, das sollte eigentlich nicht nur für Geschirr gelten.

Und das tut es auch! Der Apostel Paulus jedenfalls meint: »Viele Leute leuchten und strahlen deshalb so, weil sie so viel in ihrem Leben erlebt haben, auch Brüche und Verletzungen. Und sie leuchten, weil sie über all diesen Brüchen und Sprüngen nur umso gütiger und weiser und schöner geworden sind.«

Die Geschichte berührt mich. Erzählt hat sie Maike Roeber von der Evangelischen Kirche Trier, und zwar auf SWR3.

CHANCE SATT CHANGE

Die meisten Menschen haben Angst davor, Fehler zu machen. Sie fürchten den Makel des Scheiterns. Und in unserer Gesellschaft ist es ja auch so, dass es zum Beispiel ein gescheiterter Unternehmer oder Selbstständiger viel schwerer hat, eine zweite Chance zu bekommen, als dies etwa in den USA der Fall ist. Und auch ich kämpfe gerade mit dem Gedanken. »Ist der gescheiterte Kundentermin ein Makel?« Sie kennen das: In solchen Augenblicken fallen einem plötzlich auch all die anderen Lebenssituationen ein, in denen etwas schief gelaufen ist, beruflich und privat.

Ich schaue im Internet nach: »Die Einfachheit und die Wertschätzung der Fehlerhaftigkeit stehen im Zentrum dieser Anschauung. Vor diesem Hintergrund entwickelte sich Kintsugi – die Goldverbindung, die den Makel hervorhebt.«

Den Makel hervorheben. Fehler akzeptieren. Rückschläge als notwendige Entwicklungen auf dem Weg zum Ziel definieren. Sich vom Fehlerhaften und Kaputten nicht runterziehen lassen, sondern es nutzen, durch Tun und Handeln auf sein Ziel zuzusteuern. Eben durch Kintsugi.

Im Auto fällt mir der Spruch ein: »Wer den Sprung in der Schüssel nicht ehrt, ist des Erfolges nicht wert!« Zu albern? Nein: Zerbrochenes Geschirr erfordert keine Veränderung, keinen Geschirr-Neukauf, sondern Zugriff auf das Vorhandene, auf das, was da ist. Indem man es flickt, repariert, instand setzt – und so zu Verbesserungen gelangt.

BRUCHSTELLEN, SPRÜNGE, FEHLER UND MISSERFOLGE IM LEBEN SIND DAZU DA, SICHTBAR GEMACHT ZU WERDEN

Ich beschließe also, jenen Rückschlag heute zu kommunizieren, ihn nicht zu verstecken, sondern ihn sichtbar zu machen. Vielleicht können andere daraus lernen. Ich jedenfalls habe schon daraus gelernt.

55 VERÄNDERUNGEN SIND GIFT FÜR DAS GEHIRN - DARUM VERÄNDERE DICH NICHT, SONDERN HANDLE!

Bestimmt freuen Sie sich auch, wenn Sie Ihre Meinungen bestätigt finden. Es ist zwar nicht immer von Vorteil, wenn wir uns in der Echokammer aufhalten, in der wir stets nur unsere eigenen Ansichten wiederfinden. Das belegen auf traurige Weise Menschen, die Nachrichten nur noch über Dienste wie Facebook beziehen, bei denen die Nachrichten nicht objektiv dargestellt werden, sondern sich nach den Vorlieben und Abneigungen richten, die der Nutzer über seine Likes im World Wide Web und insbesondere in den sozialen Medien preisgibt. Singles werden dann gnädigerweise nicht mit Infos über Hochzeiten belästigt, damit sie angesichts glücklicher Paare nicht vom Neid zerfressen werden. Aber wie gesagt: Man freut sich doch, wenn andere der eigenen Meinung zustimmen oder derselben Ansicht sind.

So ging es mir jüngst, als mir ein Freund, dem ich von meinem neuen Buch, von dem Anti-Veränderungsbuch, erzählt hatte, eine aufgeregte WhatsApp zuschickte: »Folge mal dem Link, da gibt es einen Geritt Müller, der wohl die gleichen Ansichten zum Thema Veränderungen hat wie du!«

Und tatsächlich: Unter *www.wiwo.de* hat ein Psychotherapeut unter dem Pseudonym Geritt Müller am 13. Februar 2017 aus dem Alltag eines Psychotherapeuten berichtet und Veränderungen zum Gift für das Gehirn erklärt. Gut – der Text selbst argumentierte etwas differenzierter, als er die Überschrift angedeutet hatte: Am Beispiel einer depressiven Patientin, die durch Mobbing krank wurde, zeigt Geritt Müller, warum es Menschen meistens sehr schwerfällt, selbst notwendige Veränderungen im Alltag langfristig auf-rechtzuerhalten. Es bedarf einiger Anstrengung, um Veränderungen in das Leben zu integrieren und zu einer neuen Gewohnheit zu machen: »Das große Problem in Veränderungsprozessen ist, dass das menschliche Gehirn sehr an seinen Gewohnheiten hängt. Hat man sich einmal an ein Verhaltensmuster gewöhnt, verknüpfen sich bestimmte Bereiche im Gehirn so, dass eigentlich voneinander unabhängige Dinge plötzlich miteinander assoziiert werden – klassische Konditionierung«, so Müller.

CHANGE FUCK - WENN SICH ALLES VERÄNDERT UND NICHTS VERBESSERT

Auch ich habe es in meiner Coaching-praxis oft erlebt, dass der Aufbau neuer Gewohnheiten in alter Umgebung sehr schwierig ist. Aber auch wer in einem veränderungsgeprägten Umfeld darauf pocht, Gewohnheiten beibehalten zu wollen, muss mit kräftigem Gegenwind rechnen. Hilfreich ist es darum, das soziale Umfeld mit ins Boot zu holen oder es zu wechseln. Noch einmal der Psychotherapeut:»Für meine Rehapatienten beginnt deshalb die eigent-liche Arbeit meistens erst, wenn sie wieder in den Alltag entlassen wer-den. Im völlig neuen Kliniksetting mit Abstand von Alltag und Arbeit fällt es den meisten bei vorgegebener Tagesstruktur leicht, sich neue, gesunde Verhaltensweisen anzugewöhnen. Im Alltag aber herrschen durch die vielen Verpflichtungen widrige Bedingungen, und das Gehirn drängt dazu, den be-quemen, alten Weg zu gehen.«

CHANCE STATT CHANGE

In der alten Umgebung zu verbleiben und den alten Trott beizubehalten – das ist jetzt ein Change Fuck, den Sie schleunigst über Bord werfen sollten. Denn wir nähern uns mit Riesenschritten dem Ende des Buches. Jetzt geht es darum, alte Veränderungszöpfe abzuschneiden und sich von blockierenden Change Fucks zu trennen.

Meine Überzeugung ist: Ein Change Fuck ist eine Einstellung und Überzeugung, eine emotionale Beziehung oder eine Verhaltensweise und Handlung, die dazu führt, dass sich zwar einiges verändert, aber absolut nichts verbessert. Wenn Sie wie ich der Meinung sind, wir müssten unsere bewährten Erfolgsgewohnheiten pflegen und erst in zweiter Linie neue Erfolgsgewohnheiten aufbauen, interessiert es Sie wahrscheinlich, wie Sie ins Handeln und in die konkrete Umsetzung gelangen.

Wiederum gilt: Jeder muss seinen eigenen Umsetzungsweg finden. Ich will und kann Ihnen nichts vorschreiben. Aber vielleicht helfen Ihnen die folgenden Anwendungsideen – mir jedenfalls haben Sie dabei geholfen, dass sich gewaltig viel verbessert statt wieder nur etwas verändert hat.

CHANGE FUCK

TO GO

DER EIGENTLICHE
ZWECK DES LERNENS
IST NICHT DAS WISSEN,
SONDERN DAS HANDELN

HERBERT SPENCER

ANWENDUNGSIDEEN, UM INS HANDELN UND IN DIE UMSETZUNG ZU GELANGEN

Lange Zeit habe auch ich die Veränderung um ihrer selbst willen aufs Gleis gesetzt und sie wie eine Monstranz vor mir hergetragen. Mittlerweile habe ich umgedacht und konzentriere mich auf Verbesserungen. Die fünfundfünfzig Change Fucks Think, Feel und Make in diesem Buch sind das Ergebnis eines langen Umdenkprozesses, der in den 2000er-Jahren begann und noch immer nicht abgeschlossen ist. Aber natürlich wollte und will ich nicht beim Perspektivenwechsel stehenbleiben, sondern in die Umsetzung gelangen. Ohne Umsetzung bleiben die tollsten Erkenntnisse totes Wissen. Darum überlege ich ständig, eigentlich jeden Tag, welche der fünfundfünfzig Change Fucks Think, Feel und Make für mich derzeit eine besondere Bedeutung besitzen. Und daraus leite ich konkrete *Change Fucks to go* ab, die mir helfen, mich jeden Tag zu verbessern.

Vielleicht haben Sie Interesse, meine zurzeit fünf wichtigsten Anwendungsideen kennenzulernen, um Impulse für Ihre eigenen Change Fucks to go zu erhalten. Denn es wäre doch schade, wenn die Inhalte dieses Buches Ihnen nicht zu Verbesserungen verhelfen würden. Und bei diesem Buch kommt es darauf an, was Sie daraus machen.

CHANGE FUCK TO GO NUMMER 1: DIE GUTEN-MORGEN-MOTIVATIONSFRAGE STELLEN

Einige der Change Fucks to go werden Ihnen bekannt vorkommen, weil ich schon kurz auf sie eingegangen bin, so auch die Guten-Morgen-Motivationsfrage. Jeden Morgen beim Aufstehen frage ich mich: Warum freue ich mich heute? Was werde ich heue tun, damit dies so bleibt? Wie mache ich diesen Tag zu meinem Tag? So gelingt die Fokussierung und Konzentration auf das, was mich heute nach vorn bringen wird.

CHANGE FUCK TO GO NUMMER 2: LISTE MIT EPA UND EVA ERSTELLEN

Was ich unter EPA verstehe, wissen Sie bereits. Was jedoch sind EVA?

EVA sind Erfolg Vernichtende Aktivitäten, also die Dinge, die es verhindern, dass ich glücklich, zufrieden und erfolgreich sein kann. Sie stehen meiner Entwicklung und Weiterentwicklung im Wege. Dazu zählt für mich zum Beispiel eine rein fortschrittsgläubige Höher-weiter-besser-Einstellung, die dazu führt, dass wir nie mit dem Erreichten zufrieden sein können und nie zufrieden sind.

Zur Erinnerung: EPA sind Erfolg Produzierende Aktivitäten, mithin aus meiner Sicht Dinge, die mich glücklich, zufrieden und erfolgreich machen. Diese werden zu Erfolgsgewohnheiten trainiert und beeinflussen und fördern meine Weiterentwicklung positiv.

Es ist klar, dass jeder von uns seine persönlichen EPA und EVA hat. Ich jedenfalls überprüfe meine Liste mit meinen EPA und EVA sehr regelmäßig.

CHANGE FUCK TO GO NUMMER 3: EINEN SCHEISS MUSS ICH MACHEN!

Jedes Mal, wenn ich weiß oder das Gefühl habe, jemand oder etwas wolle mich dazu überreden, zwingen oder dazu motivieren, mich zu verändern, sage ich zunächst einmal leise zu mir:»Einen Scheiß muss ich machen!« Das heißt: Ich zucke zurück, ich überlege, ob man mich manipulieren und zu etwas bewegen will, was ich selbst nicht möchte. Das muss von jenem Jemand gar nicht böse gemeint sein – aber ich entscheide, was und wann ich etwas verändern will und ob ich überhaupt etwas verändern möchte. Denn es ist mein Wille, mich zu verbessern, und nicht, mich zu verändern.

Diese bewussten oder unbewussten Beeinflusser und Veränderungsfetischisten – das können die Medien, die Werbung oder die Menschen sein, mit denen ich beruflich und auch privat zu tun habe. Ganz gleich: Durch jenes »Einen Scheiß muss ich machen!« gehe ich auf Distanz, reflektiere, überlege, und entscheide dann in Ruhe selbst, was ICH machen möchte.

CHANGE FUCK TO GO NUMMER 4: VERÄNDERE NICHTS, WENN ES GUT LÄUFT

Mit der Guten-Morgen-Motivationsfrage starte ich in den Tag. Die Arbeit an meinen EPA und EVA sowie der Distanzierungshinweis »Einen Scheiß muss ich machen!« begleiten mich den ganzen Tag über, eigentlich vierundzwanzig Stunden lang, mithin immer. Und gegen Abend sage ich mir, dass ich das, was gut läuft, auch nicht verändern muss.

Ich stelle mir dann immer ketzerische Fragen: Stehe ich vor dem Konkurs? Laufen mir die Kunden in Scharen weg? Kämpfe ich um mein berufliches Überleben? Verabscheuen mich meine Mitmenschen? Nein, nein, nein und nochmals nein! Dann muss ich doch in der Vergangenheit irgendetwas richtig gemacht haben. Dann kann das, was ich jeden Tag mache und unternehme, nicht falsch sein. Natürlich: Verbesserungen sind immer möglich und notwendig! Warum jedoch alles verändern? Warum nicht bewährte Gewohnheiten beibehalten oder anpassen?

Also, lieber Ady: Verändere nichts, wenn es gut läuft. Schaffe Neues, ohne das Alte zu zerstören, integriere es. Entwickle Erfolgsgewohnheiten weiter – anstatt immer wieder neue Gewohnheiten zu erlernen.

CHANGE FUCK TO GO NUMMER 5: DIE GUTE-NACHT-VERBESSERUNGSFRAGE STELLEN

Wenn es richtig ist, dass sich unser Unterbewusstsein im Schlaf weiterhin mit dem beschäftigt, was wir kurz vor dem Einschlafen gelesen und gedacht haben, ist es richtig, sich zu fragen: Was habe ich heute gelernt, das ich morgen nutzen kann, um zu Verbesserungen zu gelangen? Was kann und will ich morgen und in Zukunft noch besser machen?

Das sind zurzeit die fünf Change Fucks to go, die mir helfen, mich jeden Tag zu verbessern. Wie heißen Ihre Change Fucks to go?

DIE ZEHN ERFOLGSGEWOHNHEITEN VON MENSCHEN, DIE ERREICHEN, WAS SIE WOLLEN

Mein Leben lang frage ich mich, was der Unterschied zwischen erfolgreichen Menschen und anscheinend weniger erfolgreichen Menschen ist. Meine Kunden bieten mir hier genügend Anschauungsunterricht: Ich stelle mir dann oft die Frage:»Wie haben sie es nur geschafft?« Bei anderen Menschen wiederum ist es mir unerklärlich, warum sie nicht noch erfolgreicher sind. Denn eigentlich haben sie doch alles richtig gemacht. Und natürlich darf nie die Selbstreflexion fehlen:»Welche Philosophie, welche Strategie und welches Know-how fehlen mir, damit ich meine Ziele noch besser erreiche, als dies bisher der Fall war? Was kann ich von anderen Menschen, die ich als erfolgreich bezeichnen möchte, lernen?« Der entscheidende und doch so wichtige Unterschied liegt darin, dass erfolgreiche Menschen

1. komplett anders als die meisten von uns handeln und
2. einfache Gewohnheiten haben, die sie zelebrieren und perfektionieren.

Pointiert ausgedrückt: Erfolgreiche Menschen haben bestimmte Erfolgsgewohnheiten, die sie immer wieder anwenden. Das zeigt mir auch die Lektüre zahlreicher Biografien erfolgreicher Menschen. Diese Erfolgsgewohnheiten habe ich über Jahre hinweg bei anderen Menschen recherchiert und zusammengetragen. Es handelt sich um Erfolgsgewohnheiten, die sich bei erfolgreichen Menschen in ihrer Lebensgeschichte immer wieder wiederholen. Diese Beobachtungen haben mich dazu gebracht, meine eigenen Gewohnheiten immer wieder zu überdenken und weiter zu optimieren. Das ist auch ein Grund dafür, warum ich dieses Buch geschrieben habe.

Im Folgenden beschreibe ich die zehn Erfolgsgewohnheiten erfolgreicher Menschen, die sich diese über Jahre antrainiert und die sie nie verändert haben. Ich habe diese Erfolg versprechenden Gewohnheiten mit meinen persönlichen Gewohnheiten abgeglichen und auf meine Bedürfnisse und Erwartungen angepasst.

ERFOLGSGEWOHNHEIT 1: TRAINIERE DEN OPTIMISTEN IN DIR!

Egal, was es ist, erfolgreiche Menschen finden in allem etwas Positives. Sie jammern nicht mit anderen und beschweren sich nicht über die aktuelle Situation. Es gibt ein tolles Buch von Elaine Fox: *In jedem steckt ein Optimist*, heißt es. Elaine Fox sagt, Pessimismus sei kein Schicksal. Optimisten denken positiv und sagen sich bei einem negativen Ergebnis:»Wer weiß, wofür es gut ist.« Hierbei schaffen sie es, auch andere Menschen in ihrem Wirkungskreis optimistisch zu stimmen. Sie versprühen positive Energie. Darum meide ich Menschen in meinem persönlichen Umfeld, die nur meine Energie aussaugen und mich herunterziehen. Elaine Fox sagt, wir sollten nach einem glücklichen Gesicht in unserer Umgebung Ausschau halten, das würde unseren Optimismus trainieren.

ERFOLGSGEWOHNHEIT 2: KREIERE ZU EINEM PROBLEM STETS EINE LÖSUNG!

Das ist wohl das beeindruckendste Ritual, das mich in den Biografien erfolgreicher Menschen nachhaltig beeinflusst hat und das ich bis heute konsequent anwende: die Erfolgsgewohnheit »Kein Problem ohne Lösung«. Es bedeutet für mich, dass ich immer sofort nach einer möglichen Lösungsidee frage, sobald jemand von einem Problem spricht oder wenn ich selbst mit einer aktuellen problematischen Situation konfrontiert werde. Das ist übrigens auch die Grundaussage meines Buches *30 Minuten für eine erfolgreiche Problemlösung*.

ERFOLGSGEWOHNHEIT 3: PFLEGE DIE BEZIEHUNGEN ZU ANDEREN MENSCHEN!

Egal, was ich tue in meinem Leben, ob es im Job ist, auf Reisen oder in der Familie – stets beachte ich das folgende Grundgesetz: Gute Beziehungen helfen dabei, nicht alle Fehler selbst machen zu müssen. Menschen in der Geschichte haben Großes nie alleine geleistet. Sie hatten und haben immer Unterstützung. Darum ist die Beziehungspflege ein Erfolgsritual, das es beständig auszubauen gilt. Wie heißt es so schön:»Allein ist vieles möglich, mit der Hilfe anderer ist alles möglich.«

Darum frage ich mich auf meinem Weg immer wieder, wer mich begleiten kann und wer mich begleiten soll. Menschen, die uns herunterziehen, gibt es genug. Es kommt darauf an, diejenigen Menschen zu unseren Begleitern zu machen, die uns in die Höhe ziehen und uns bei der Weiterentwicklung unterstützen wollen und unterstützen können.

ERFOLGSGEWOHNHEIT 4: ENTWICKLE UND BILDE DICH STETS WEITER UND LERNE NIE AUS!

Interessant ist, dass das Anhäufen von Wissen bei den erfolgreichsten Menschen immer eine der Grundlagen ihres Erfolges war. Die Bereitschaft und der Wille, sich ständig weiterzubilden und sich neues Wissen anzueignen, gehören in einer Long-Life-Learning-Gesellschaft zu den Kardinaltugenden. Ohne lebenslanges Lernen geht es nicht!

Mein Team hat einmal all die Seminare, die ich besucht habe, und alle Ausbildungen, die ich abgeschlossen habe, zusammengetragen: Es sind über vierzig Zertifikate, die ich erworben habe. Aber auch für mich gilt, dass nur angewandtes Wissen Macht ist. Und darum gibt es keinen Tag, an dem ich nicht etwas Neues lerne – und es anwende.

ERFOLGSGEWOHNHEIT 5: NUTZE DEN TAG!

Nicht alle Erfolgsgewohnheiten sind Erfindungen unserer Zeit – im Gegenteil: Viele Erfolgsgeheimnisse fußen auf uralten Weisheiten. Gewiss kennen Sie den Ausspruch Carpe diem, der eigentlich mit »Pflücke den Tag« richtig übersetzt ist, aber als »Nutze den Tag« zum geflügelten Wort wurde.

Ich kenne einige erfolgreiche Menschen, die schon um fünf Uhr in der Früh aufstehen und den Morgen intensiv nutzen, für die also »Nutze den Tag« heißt, früh auf den Beinen zu sein. Jetzt bin ich nicht gerade ein Frühaufsteher, und trotzdem habe ich mich darauf konditioniert, jeden Morgen spätestens um 7 Uhr aufzuwachen, auch am Wochenende – und zwar ohne Wecker. Das Training hierzu dauerte nur vierzehn Tage. Für aufmerksame Leser: Das war nach der Zeit, zu der Change Fuck 32 spielt. Die Power, mit der ich den Tag beginne, kann ein Spätaufsteher den ganzen Tag nicht aufholen. Glauben Sie es mir, ich habe es jahrelang erfolglos versucht.

ERFOLGSGEWOHNHEIT 6: ACHTE AUF DEINE GESUNDHEIT!

Wie viele übergewichtige Millionäre mag es geben? Okay, das ist vielleicht nicht das beste Beispiel, da gibt es schon ein paar. Doch die meisten, von denen ich gehört habe und deren Biografie ich kenne, halten sich fit, und zwar regelmäßig. Das ist eine Gewohnheit, die uns angeboren ist. Denn Kinder sind selten von Geburt an übergewichtig. Andererseits habe ich einige Menschen kennengelernt, die viel gearbeitet haben, um gutes Geld zu verdienen, die dies jedoch mit ihrer Gesundheit bezahlt haben – um dann im Alter das Geld für ihre Gesundheit wieder auszugeben. Darum gilt für mich die Gewohnheit: jeden Tag Fitness, jeden Tag auf gesunde Ernährung achten, jeden Tag so viel Stress wie möglich vermeiden. Auch wenn ich es nicht jeden Tag schaffe – das ist mein Ziel! Dabei zählt die Regelmäßigkeit mehr als der totale Perfektionismus. Wenn es mal klappt, an einem Tag jedes Vorhaben zu realisieren, ist das gut. Wichtiger ist es, jeden Tag (zumindest) ein wenig davon zu schaffen.

ERFOLGSGEWOHNHEIT 7: KONZENTRIERE DICH MIT HAUT UND HAAREN AUF EINE SACHE!

Nachdem die Gehirnforschung herausgefunden hat, dass wir keine Multitasking-Genies sind, dürften mittlerweile alle wissen, dass Multitasking unserer Produktivität oft schadet. Erfolgreiche Menschen haben darum ein gutes Selbstmanagement und fokussieren sich auf eine Sache. Sie verstehen es, sich einer Sache zu widmen, und zwar mit Haut und Haaren. Für mich heißt das: Wenn ich esse, dann esse ich. Wenn ich arbeite, dann arbeite ich. Und wenn ich genieße, dann genieße ich. Ich stelle mich im Fitnessstudio nicht auf das Laufband und lese dabei noch eine Zeitschrift oder telefoniere mit meinem Büro.

ERFOLGSGEWOHNHEIT 8: DAS WICHTIGE KOMMT ZUERST

Die Kunst beherrschen, das Wichtige vom Unwichtigen zu trennen – das haben erfolgreiche Menschen perfektioniert. Oft sind die dringenden Dinge nicht wichtig, und Wichtiges ist selten dringend. Darum ist es für mich eine Erfolgsgewohnheit, sich jeden Tag die Prioritäten einer Sache bewusst zu machen. Hierbei hilft mir meine Liste mit den EPA und EVA, von der Sie in Change Fuck to go Nummer 2 gelesen haben. Und dabei hilft mir mein persönliches Verbesserungsgebet:

>»Gib mir die Kraft,
>Dinge zu verbessern,
>die ich verbessern kann,
>die Gelassenheit,
>Dinge hinzunehmen,
>die ich nicht verbessern kann,
>und die Weisheit,
>das eine vom anderen
>zu unterscheiden.«
>(in Anlehnung an Reinhold Niebuhr, 1943)

ERFOLGSGEWOHNHEIT 9: VOR DEM NEHMEN KOMMT DAS GEBEN!

Erinnern Sie sich an Change Fuck 26? Dort war die Rede von »Gebern« und »Nehmern«. Die Geber sind die hilfsbereiten Menschen, die Nehmer die eher egoistisch veranlagten Zeitgenossen. Erfolgreiche Menschen geben sehr gerne und viel. Vielleicht denken Sie jetzt: Das kann doch nicht sein! Denn an reichen Menschen können wir zuweilen sparen lernen. Doch »erfolgreich sein« bedeutet nicht, dass jemand reich ist. Ich kenne Menschen mit sehr viel Geld und Sachwerten. Aber fühlen sie sich glücklich? Sind sie gesund? Haben sie eine erfüllte Beziehung? Nein, nein und nochmals nein. Hier spricht niemand von einem erfolgreichen Menschen. Und natürlich hängt Erfolg nicht automatisch mit materiellen Dingen zusammen. Worum es mir geht: Erfolgreiche Menschen sind oft bereit, abzugeben und zu teilen – ihre Erfahrungen, ihr Wissen, ihre Zeit und auch ihre materiellen Besitztümer. Und ich habe in diesem Zusammenhang gelernt: Je mehr du gibst, desto mehr bekommst du zurück.

ERFOLGSGEWOHNHEIT 10: HANDLE STETS DISZIPLINIERT!

Das ist der Ursprung aller Erfolge im Leben: Wer kontinuierlich sein Leben mit positiven Gewohnheiten weiterentwickelt und verbessert, der kann nicht erfolglos sein. Darum gilt es, seine Gewohnheiten diszipliniert zu pflegen. Das ist meine Motivation, auch in Zukunft. Und darum schließt dieses Buch, wie es begonnen hat – mit meinem persönlichen Lieblingsmotivationsgedicht:

SIEG

Wie oft schon hörte ich dich sagen,
Du würdest große Dinge wagen.
Wann wohl, glaubst du, kommt der Tag,
Da endet alle Müh' und Plag,
Da du zu großen Taten schreitest
Und da du selbst dein Schicksal leitest?
Und wieder ging ein Jahr vorbei,
Doch nie warst du, mein Freund, dabei,
Wenn's galt, nun endlich zuzugreifen,
Damit auch deine Früchte reifen!
Woran es liegt? Erklär es nur!
Du hattest Pech? Ach keine Spur!
Wie immer, einzig und allein
Lag's nur an dir, an dir allein.
Schau auf deine Hände bloß:
Sie liegen still in deinem Schoß,
Statt endlich, endlich doch zu handeln
Und alles in dir umzuwandeln.

Herbert Kaufmann (1920–1976)

LITERATURVERZEICHNIS

BÜCHER DES AUTORS ARDESCHYR HAGMAIER

Ente oder Adler 1: Vom Problemsucher zum Lösungsfinder. 10. Auflage 2015, GABAL, Offenbach.

Ente oder Adler 2: Quakst du noch oder fliegst du schon? Die 33 Adler-Prinzipien. 2. Auflage 2009, GABAL, Offenbach.

30 Minuten für die erfolgreiche Problemlösung. 1. Auflage 2008, GABAL, Offenbach.

EASY!-Living. Einfach einfacher leben. 1. Auflage 2009, GABAL, Offenbach (auch als Hörbuch).

EASY!-Leading. Einfach einfacher führen. 1. Auflage 2009, GABAL, Offenbach (auch als Hörbuch).

EASY!-Sales. Einfach einfacher verkaufen. 1. Auflage 2009, GABAL, Offenbach (auch als Hörbuch).

EASY!-Action. Einfach einfacher handeln. 1. Auflage 2010, GABAL, Offenbach.

EASY!-Motivation: Ein Fragen-Buch. 1. Auflage 2010, GABAL, Offenbach.

30 Minuten: Basiswissen Akquise. 1. Auflage 2011, GABAL, Offenbach.

Heute akquirieren – sofort profitieren. Systematisch neue Kunden und Aufträge gewinnen. 3., erweiterte Auflage 2012, GABAL, Offenbach.

DIE WICHTIGSTEN ARTIKEL VON ARDESCHYR HAGMAIER

Die Kunden-Versteher. Impulse 8/2004, S. 42 (mit Ardeschyr Hagmaier).

Mitarbeiterführung: Konstruktive Kritik. Capital 19/2004, S. 64–67 (mit Ardeschyr Hagmaier).

Personalmanagement: Auf Talentsuche – Der Handel 12/2004, S. 64–66.

Erst loben – dann kritisieren. Sparkasse 03/2005, S. 40–41.

Den Vertrieb strategisch steuern: Die richtige Einstellung entscheidet. Sales Business 3/2005, S. 42–45.

Die fundierte Entscheidung. Tele Talk 03/2006, S. 25.

Entscheidungskompetenz: Das Bauchgefühl als guter Berater. acquisa 05/2006, S. 68–70.

Kreative Möglichkeiten der Kundenansprache nutzen. Finanz Business 04/2006, S. 52–53.

Kundengespräche: Verbale Abwehr (Preisverteidigung). Der Handel 09/2006, S. 86–7.

Preisverhandlungen: Nicht kampflos aufgeben. Versicherungsmagazin 11/2006, S. 76.

Wissenszuwächse messbar machen. wissensmanagement 02/2007, S. 40–41.

Stammkundenmanagement: Halber Einsatz lohnt sich nicht. Sales Business 05/2007, S. 38–39.

Tipp: Bestandsaufnahme (VP). absatzwirtschaft 06/2007, S. 63.

Lösungsorientiert dank Ente und Adler. Bankmagazin 10/2007, S. 54–55.

Mit konkreten Aktivitäten führen. absatzwirtschaft 12/2007, S. 44.

Schwierige Verhandlungssituationen: Immer wieder ins sachliche Fahrwasser. Versicherungsmagazin 02/2008, S. 66–67.

Trends und Herausforderungen 2008: Der Kunde ist abgeschafft – es gibt nur noch DIE Kunden. FinanzWelt 01/2008, S. 80–81.

Tipp: Rascher Ertrag. absatzwirtschaft 05/2008, S. 65.

Zielvereinbarungen: Schaffen Sie endlich das Zielvereinbarungsgespräch ab. Unternehmer Wissen, 06/2015, S. 58–59.

Coaching macht mobil (Bericht über das Coaching-Mobil). managerSeminare 211,10/2015, S. 13.

Lernen on the Road: Kreative Weiterbildung & mobiles Coachen. wissensmanagement 02/2016, S. 48–49.

Von der Kraft eingeschliffener Routinen und Gewohnheiten. wissensmanagement 03/2016, S. 21–23.

Die neue Veränderungsformel: Das Neue erschaffen – nicht das Alte bekämpfen. Cash 06/2016, S. 90–91.

Die neue Veränderungsformel: Das Neue erschaffen – nicht das Alte bekämpfen. KMU Magazin 07-08/2016.

Fuck off, Change! Erfolgsgewohnheiten stärken statt Veränderung um jeden Preis. Finanzwelt Onlineausgabe 01/2017, S. 38–39.

LEKTÜRE, DIE IN DIESES BUCH EINGEFLOSSEN IST (OFT AUCH ALS QUELLE DES WIDERSPRUCHS!)

Blanchard, Kenneth; Johnson, Spencer (2016): Der neue Minuten Manager. Überarbeitete Neuausgabe, Rowohlt Taschenbuch, Reinbek bei Hamburg.

Csíkszentmihályi, Mihaly (2014): Flow im Beruf: Das Geheimnis des Glücks am Arbeitsplatz. Klett-Cotta, Stuttgart.

CSO Insights Sales Best Practices Studie: Den Bogen spannen. Miller Heiman Group 2016. Quelle: www.millerheimangroup.de/wp-content/uploads/2016/12/CSO_Sales-BestPracticesStudy_2016_German.pdf.

Cutler, Howard C. (2012): Die Regeln des Glücks. Herder, Freiburg.

Fox, Elaine (2014): In jedem steckt ein Optimist. Wie wir lernen können, eine positive Lebenseinstellung zu gewinnen. btb Verlag, München.

Glück (Tag des Glücks): www.kleiner-kalender.de.

Grant, Adam (2016): Geben und Nehmen. Warum Egoisten nicht immer gewinnen und hilfsbereite Menschen weiterkommen. Droemer, München.

Grimaud, Hélène: Du musst dich ergeben. Interview. In: DER SPIEGEL 52/2014, S. 104–107.

Grzeskowitz, Ilja (2014): Die Veränderungs-Formel. Aus Problemen Chancen machen. 2. Auflage, GABAL, Offenbach.

Grzeskowitz, Ilja (2016): Mach es einfach. Warum wir keine Erlaubnis brauchen, um unser Leben zu verändern. 3. Auflage, GABAL, Offenbach.

Harari, Yuval Noah (2015): Eine kurze Geschichte der Menschheit. 6. Auflage, Pantheon, München.

Lichter, Horst (2016): Keine Zeit für Arschlöcher! 9. Auflage, Gräfe und Unzer, München.

Lundin, Stephen C.; Paul, Harry; Christensen, John (2015): Fish!™: Ein ungewöhnliches Motivationsbuch. Mit einem Vorwort von Ken Blanchard. Goldmann, München.

Marquardt, Oliver (2016): Deutschlands Angst vor Veränderung. In: Social Media. ePaper von www.unternehmer.de, 10/2016, S. 22–23.

Mingels, Guido (2016): Früher war alles schlechter. Rubrik in DER SPIEGEL. Text zur Globalen Armut in Ausgabe 42/2016, S. 48.

Müller, Gerritt (2017): Alltag eines Psychotherapeuten: Veränderungen sind Gift für das Gehirn. Kolumne, Wirtschaftswoche online, 13. Februar 2017. Quelle: www.wiwo.de/erfolg/coach/optimierung/alltag-eines-psychotherapeuten-veraenderungen-sind-gift-fuer-das-gehirn/19382666-all.html.

Rosa, Hartmut (2016): Resonanz. Eine Soziologie der Weltbeziehung. Suhrkamp, Berlin.

Schechter, Harriet (2002): Entrümpeln Sie Ihr Leben! So befreien Sie sich von Andenken, Altlasten und anderem Ballast. mvg, Landsberg/München.

Teismann, Tobias (2015): Grübeln. Wie Denkschleifen entstehen und wie man sie löst. 2. Auflage, Balance Verlag, Köln.

Ware, Bronnie (2015): The Top Five Regrets of the Dying. Verlag Hay House, Australia 2012 (Auf Deutsch unter dem Titel »5 Dinge, die Sterbende am meisten bereuen« erschienen bei Goldmann, München, 10. Auflage 2015)

Agile Unternehmen

Valentin Nowotny
Agile Unternehmen
Nur was sich bewegt, kann sich verbessern
396 Seiten; 2016; 29,80 Euro
ISBN 978-3-86980-330-2; Art-Nr.: 985

Dauerhaft werden nur agile Unternehmen erfolgreich sein – Unternehmen, die fokussiert, schnell und flexibel neue Geschäftsfelder entdecken und entwickeln und bereit sind, traditionelle Kontexte zu verlassen. Doch was ist eigentlich Agilität? Welche Voraussetzungen müssen agile Unternehmen mitbringen? Und welche Konsequenzen hat das für Management, Führungskräfte und Mitarbeiter(innen)? Antworten darauf liefert dieses Buch.

Der Diplom-Psychologe und langjährige Projektmanager Valentin Nowotny zeigt in seinem neuen Buch, wie Unternehmen die Kraft agilen Denkens und Handelns erfolgreich nutzen. Anschaulich und fundiert erklärt er die psychologischen Grundprinzipien agiler Methoden wie zum Beispiel Scrum, Kanban oder Design Thinking. Nowotny beschreibt die agilen Werte, Prinzipien und Rituale, die passende Unternehmenskultur sowie mögliche Wege einer Transformation unterschiedlicher Bereiche, Abteilungen und Arbeitsgruppen.

Schritt für Schritt zeigt er, wie der erforderliche Prozess gestaltet werden muss, um alle Hierarchieebenen eines Unternehmens in ein agiles System einzubinden. Reduziert auf die wesentlichen Denk- und Handlungsprinzipien agiler Systeme zeigt dieses Buch anschaulich, wie der Erfolg von zeitgemäßen, digital aufgestellten Unternehmen, zum Beispiel Apple, Facebook, Google und Spotify, für Unternehmen jeder Größenordnung und Branche versteh- und nutzbar wird.

Denk neu

Thomas Pütter, Ines Eulzer
Denk neu
21 ½ pragmatische Impulse wie
Unternehmen auf Kurs bleiben

220 Seiten; 2017; 24,95 Euro
ISBN 978-3-86980-371-5; Art-Nr.: 1011

In Zukunft werden Kunden und potenzielle Mitarbeiter die Unternehmenskultur als Entscheidungskriterium heranziehen, Ihre Produkte und Dienstleistungen zu kaufen oder ob sie bei Ihnen arbeiten – nicht aber den vollmundigen Marken- und Werbeversprechen Glauben schenken. Immaterielle Vermögenswerte, also gelebte Werte, Kultur und der Geist, der im Unternehmen herrscht, bestimmen den Marktwert eines Unternehmens.

Doch wie kommt Spirit in Ihren Betrieb? Wie kalibrieren Sie Ihre Betriebsstrukturen so, dass sie zukunftsfähig sind? Wie erschaffen Sie eine Unternehmenskultur, die begeistert?

Ines Eulzer und Thomas Pütter zeigen erfrischend pragmatisch Wege und Möglichkeiten, die Herausforderungen des Wirtschaftswandels zu stemmen und Unternehmen sicher für die Zukunft aufzustellen. Sie geben Impulse zum Perspektivwechsel und inspirieren zu neuen Denkweisen, die für Spirit, positive Aufbruchsstimmung und Wachstum sorgen.

Ein Buch für Macher und Gestalter die ihrem Unternehmen neuen Spirit einhauchen, die Kunden und Mitarbeiter begeistern und zum Arbeitgebermagnet werden wollen.